잠 좀
잤으면
좋겠다

일하다 못 자고
놀다가 안 자는 당신

잠 좀 잤으면 좋겠다

초판발행 2018년 3월 16일
초판 4쇄 2019년 1월 11일

지은이 황병일
펴낸이 채종준
기 획 양동훈
편 집 이강임
디자인 홍은표
마케팅 송대호

펴낸곳 한국학술정보(주)
주 소 경기도 파주시 회동길 230(문발동)
전 화 031-908-3181(대표)
팩 스 031-908-3189
홈페이지 http://ebook.kstudy.com
E-mail 출판사업부 publish@kstudy.com
등 록 제일산-115호(2000. 6. 19)

ISBN 978-89-268-8327-3 13500

일하다 못 자고
놀다가 안 자는 당신

잠 좀 자으면 좋겠다

황병일 지음

이담
Books

수면의 질이 삶의 질이다.

잠은 최고의 축복이다. 잠을 통해 몸과 마음이 충전되고 면역력이 살아나기 때문이다. 하지만 현대인들은 이 축복을 제대로 누리지 못한 채 살아가고 있다. '24시간사회', '피로사회', '분노사회'로 바뀌면서 인간의 수면질서가 깨진 지 오래다. 수면장애가 일상화된 현실이다.

수면 과학은 이런 현상에 적극적으로 대응하며 나타났다. 잠의 본질에서부터 의학적인 불면증 치료, 심리치료 등 다양한 연구가 진행되고 있다. 제4차 산업혁명의 바람을 타고 인공지능(AI)을 활용한 숙면 기기들도 주목받고 있다. 예컨대 스마트 침대는 수면 유도 음악이 나오거나 코를 골 때 침대 각도가 조정되는 등 사용자에 따라 형태가 바뀌며 최적 수면이 가능하게 해준다. 10년 이내에 이들이 각 가정의 필수품이 될 것이란 예측이 나올 정도로, 질 좋은 수면은 사람들의 큰 관심거리다.

　　이런 시점에서 오랫동안 수면 분야를 연구해 온 수면전문가 황병일 대표가 수면에 관한 매우 실용적인 책을 펴내 반가운 마음이 앞선다. 누구도 다른 사람의 잠을 대신 자줄 수는 없는 노릇이다. 이 책을 통해 많은 사람들이 수면의 질을, 그리고 이를 바탕으로 삶과 행복의 질을 높일 수 있길 기대한다. 이 책에 녹아있는 저자의 통찰력과 실용적인 방법론에 감탄하며 박수를 보낸다.

한국협업진흥협회 회장 윤은기

사랑, 관계, 기억, 나 그리고 잠

신이 사랑하는 이에게 준 잠, 누구나 누릴 수 있는 잠의 축복을 만끽하지 못하고 있다면 고통이 아닐 수 없다. 잠을 잘 자고 일어난 사람의 표정에는 생기가 있다. 반면 잠이 부족한 사람의 표정에서는 뭔가 어두운 기운이 전해진다. 표정이 좋아야 만나는 사람의 기분도 좋아진다. 이런 이유로 잠은 하는 일에도 영향을 미친다. "미인은 잠꾸러기", "잠이 보약" 이란 말이 괜히 나온 말이 아니다.

친구 의사가 감기 환자에게 한 인상 깊은 말이 있다. '약을 먹으면 낫는데 7일 정도 걸리고, 약을 먹지 않고 잘 자고 잘 쉬면 일주일 정도 걸린다.'는 잠이 갖고 있는 자연 치유력이 약과 같다는 말이다.

전철을 타면 모두들 고개를 숙인 채 스마트폰에 열중해 있다.

'평소 부족한 잠을 자는 게 더 좋을 텐데…'라는 생각이 든다. 아이들은 학교 수업시간에 졸기 바쁘다. 전날 늦게 학원에서 돌아와 숙제하느라 새벽 1~3시까지 몸을 혹사시킨 탓이다. 게임하느라 밤을 꼬박 새고 학교에 나오는 친구도 있다.

직장인은 어떤가? 업무와 야근, 동료 간의 갈등으로 쌓인 스트레스를 풀기 위해 먹고 마시고, 늦게까지 TV시청이나 게임을 하느라 12시를 훌쩍 넘겨 잠이 든다. 스트레스를 안고 잠자리에 들기 때문에 잠의 질이 좋을 리 없다. 그렇게 피곤한 몸을 가까스로 일으켜 출근하면 피로가 계속 누적된다.

잃어버린 잠의 권리를 찾자! 잠으로 몸과 마음을 건강하게 하고 행복한 세상을 누리자.

　　잠은 내일을 위한 출발이다. 내일을 위해 재충전하는 시간이다. 잠자는 동안 자율신경계는 아침의 상쾌함을 위해 쉬지 않고 움직인다. 하루 일과를 마치고 돌아 온 몸은 에너지가 완전히 방전되기 전 쉬어야 한다. 그렇지 않으면 생명을 잃거나 병원신세를 져야하기 때문이다.

　　그런데 우리는 핸드폰 배터리가 떨어지는 것에는 민감하면서도 내 몸의 에너지가 방전되는 것에는 둔감하다. 핸드폰 배터리 잔량이 20%라는 경고등이 뜨면 안절부절하며 콘센트 찾기에 부산하다. 핸드폰 배터리가 바닥나도 우리 생명에는 아무 지장이 없는데도 말이다.

필자와 같이 신비한 잠의 여행을 떠나보자. 우리는 식생활과 운동, 일, 휴식, 그리고 잠을 통해서 충전되고 행복한 삶을 누릴 권리가 있다. 행복한 삶, 성공적인 삶의 기초는 잠이라는 사실을 명심하자. 스마트폰 배터리와는 비교할 수 없는 잠의 능력을 맘껏 사용해 보자!!

Contents

추천의 글 수면의 질이 삶의 질이다.   4

Prologue 사랑, 관계, 기억, 나 그리고 잠   6

PART

생각보다
위대한 잠

1. 우주선을 추락시킨 수면 부족   17

2. 내 몸에 새겨진 잠의 역사   23

3. 전구의 발명과 뒤집힌 밤   29

4. 마음의 암, 불면증   35

5. 수면경쟁력의 시대   43

6. 잠자는 인간, 호모 슬리피쿠스   53

PART

잠 오답
노트

1. 하루 4시간만 자면 충분하다?　　　　　　　　　61

2. 밀린 잠은 주말에 몰아서 자면 된다?　　　　　　67

3. 머리만 대면 잠드는 게 부러운 일일까?　　　　　71

4. 커피를 마시면 못 잔다 vs 상관 없다　　　　　　75

5. 한밤 중에 깨는 건 나쁜 일이다?　　　　　　　79

6. 왼쪽으로 자면 건강에 좋다?　　　　　　　　　83

7. 알몸으로 자는 게 좋을까?　　　　　　　　　　87

8. 뜨끈한 바닥이 숙면에 좋다?　　　　　　　　　91

9. 스프링? 라텍스? 메모리폼? 어떤 매트리스가 좋을까?　　95

10. 고가의 구스다운, 극세사 이불이 숙면에 좋다?　　101

11. 침대는 과학이다?　　　　　　　　　　　　　109

12. 미인은 잠꾸러기다?　　　　　　　　　　　　113

13. 나이 들면 아침잠이 없어진다?　　　　　　　119

PART

수면 전문가의
숙면 가이드

1. 일어나는 시간보다 잠드는 시간을 통제하라　　127

2. 생체 시계를 맞춰 줄 햇빛샤워를 활용하라　　133

3. 체온 변화의 리듬을 알라　　139

4. 몸의 사용설명서를 읽어라　　143

5. 몸의 70%를 차지하는 물을 순환시켜라　　149

6. 움직임에 방해가 되지 않는 침구를 사용하라　　153

7. 땀이 차지 않도록 잠자리를 유지하라　　157

8. 감정조절 호흡법을 실천해 보라　　163

9. 잠자리에서 스마트폰을 멀리하라　　169

10. 자신에게 맞는 수면법을 찾아라　　177

PART

나, 그리고 가족을
지키는 잠

1. 부부를 사랑하게 만드는 잠   187

2. 잘 자는 아기, 행복한 엄마   195

3. 질풍노도를 재우는 잠   205

4. 아이 성적을 높이는 잠   213

5. 수면만사성   221

Epilogue   내가 되고 싶은 사람을 만드는 잠   228

참고도서   232

잠자는 꽃

김영천

꽃이 잠을 잔다는 걸
그것도 나처럼
몸을 아주 작고 동그랗게
오므리고 잔다는 걸
나팔꽃을 보고야 알았답니다.

쉿!

조용히 하세요.

PART

생각보다
위대한 잠

수면은 피로한 마음의 가장 좋은 약이다.
– 세르반데스

1

우주선을 추락시킨
수면 부족

　　우주왕복선 챌린저호의 폭발 사고 배
경은 수면부족이었다. 미국의 우주왕복선 챌린저호는 캐네디우주센
터에서 1986년 1월 28일 발사됐다. 그런데 발사 약 73초 후 공중에
서 폭발했고 이로 인해 승무원 7명 전원이 사망하는 사건이 발생했
다. 생방송을 지켜보던 지구촌은 눈앞에서 펼쳐진 끔찍한 사고에 큰
충격을 받았다. 이 사건으로 미국 우주 방위 계획은 치명적인 타격을
입었고 대대적인 변화를 꾀하게 된다.

　　세계적인 양자물리학자 리처드 페이만Richard Feyman이 사고의
직접적인 원인을 공개청문회에서 알기 쉽게 설명했다. 추운 날씨로
인해 O링고무패킹이 얼어버려 제 기능을 다하지 못했기 때문이라는 것
이다. 하지만 의사결정자의 잘못된 판단이 불러온 인재라고 보는 의
견도 많았다. 발사 전 기상악화 등으로 몇 번이나 발사를 연기하면
서 NASA 관계자들은 모두 지쳐있었다. 그래서 발사를 또 연기하자

는 측의 제안을 묵살하고 발사를 강행한 것이다. NASA는 여러 가지 이유를 들면서 발사 연기를 거부했고, 발사 연기를 주장하던 측도 입장을 바꿔 결국 발사하게 된 것이다. 결과는 앞에서 말한 것처럼 처참했다. 그렇다면 왜 NASA 관계자들은 발사 연기를 거부했을까? 챌린저호 사고 조사를 맡았던 대통령위원회 보고서의 '인적 요인 분석 Human Factor Analysis'편에는 '발사 연기에 대한 결정은 기술적 판단에 입각해야 했다. 그런데 컨퍼런스에서 효과적인 의사소통과 정보 교환이 이루어지지 않았다. 그 원인은 며칠 동안 이어진 불규칙한 업무시간과 그에 따른 수면 부족이었다.'라고 쓰여 있다. NASA 핵심 관리자는 당초 예상했던 1월 27일 발사가 취소되자 2시간 미만을 자고 다음날 새벽 1시부터 깨어 있었다. 수면 부족에 따른 피로와 발사 스케줄에 대한 압박 때문에 정상적인 의사결정을 할 수 없는 상태였던 것이다.

이 사례는 수면 부족이 얼마나 위험한 결과를 초래할 수 있는지를 잘 보여준다. 수면 부족은 판단력을 떨어뜨려 치명적인 실수를 하게 만든다. 잠은 미리 저장해 둘 수도 없다. "잠의 이득을 똑같이 모방하거나 대체할 수 있는 약은 아직까지 발견되지 않았다." 미국 펜타곤 방위고등연구계획국에서 발표한 내용이다. 연구자들은 여러 가설을 시험하기 위해 수백만 달러를 쏟아 부었지만 헛수고였다. 그들은 결국 수면 부족을 해결할 수 있는 유일한 길은 잠을 더 자는 것

밖에 없다는 결론을 내렸다.

고속도로를 달리다 보면 무시무시한 졸음운전 경고문구가 눈에 띈다. '졸음운전의 종착지는 이 세상이 아니다.', '졸음운전, 영원히 깨지 않을 수도 있습니다.', '졸음운전은 자살운전', '깜빡 졸음, 번쩍 저승' 등 정신이 번쩍 드는 기발한 문구에 웃음이 나곤 한다. 졸음운전이 얼마나 위험한 행동인지 경각심을 불러일으키기 위해 애쓴 표현이다. 졸음운전은 소중한 한 사람의 생명을 앗아가 버릴 뿐만 아니라 한 가정을 산산조각내기도 하며 많은 사회 문제를 일으킨다. 영국의학협회에 의하면 17시간 이상 깨어 있는 상태로 운전하면 혈중 알코올 농도 0.05% 정도의 음주운전과 비슷하다고 한다. 우리나라에서 이 수치는 면허정지 또는 면허취소에 해당되는 수치다.

필자도 졸음을 참아가며 운전한 경험이 있다. 오후 2시 경이나 밤늦은 시간대 운전을 하다보면 눈꺼풀이 천근만근이다. 허벅지를 꼬집고 때리고, 뒷목을 잡아도 소용없다. 시속 100km로 달리는 자동차라면 1초에 16미터가 지나간다. 단 몇 초의 졸음운전에 사고가 나는 건 순식간이다. 수면의 질이 나쁘거나 과로로 인해 깜빡 조는 상태를 '미세수면Microsleep'이라고 한다. 뇌파로 확인해 보면 1초가 안 되는 시간부터 약 10초에 이르는 순간적인 수면 상태다. 뇌가 쉬고 싶어 나타나는 방어반응인 것이다. 단지 몇 초에 불과한 미세수면은 당사자나 주변 사람이 눈치 채지 못할 수도 있다. 그런데 만약 운전 중에 미세수면을 하게 되면 큰 사고로 이어질 수 있다.

필자도 그런 경험이 있다. 지방도로를 달리다 나도 모르는 순간 깜빡 졸다가 눈을 떴는데 차가 중앙차선을 넘어가고 있었고, 반대편 차선에서는 트럭이 달려오고 있었다. 순간적으로 핸들을 급하게 꺾었다. 정말 등골이 오싹한 순간이었다. 그때 차에는 온 가족이 타고 있었는데 지금도 생각하면 가슴이 서늘하다. 그 후 필자는 졸음이 몰려오면 무조건 차를 세우고 운전대를 잡지 않는다.

한번은 매장 배송을 맡고 있던 직원이 승합차로 톨게이트 가드레일을 들이박은 사고가 있었다. 요금을 내기 위해 진입하다 깜빡 졸음으로 사고가 난 것으로 밝혀졌다. 인명 피해가 없어서 그나마 다행이었다. 사고를 낸 직원은 퇴근 후 새벽 2~3시까지 게임을 하면서 스트레스를 해소했다고 한다. 질이 좋은 잠을 잘 수 없었고, 이러한 수면 부족이 순발력을 떨어뜨린 원인이었다.

전문운수업에 종사하는 운전기사는 졸음이 온다고 차를 세워놓고 잠을 잘 수가 없다. 시간을 맞추기 위해 정해진 휴게소에서 정해진 시간만 휴식하고 운전을 해야 하기 때문이다. 이는 버스 운전기사도 마찬가지다. 많은 사람의 생명을 책임지는 이들에 대해 회사는 충분한 휴식시간을 확보해 주어 졸음운전을 예방해야 한다. 또한 운전사 스스로 과음, 과식, 과로 등 수면 부족을 일으키는 원인을 찾아내어 습관을 개선해야 한다.

아주 먼 옛날 인류는 수면이 부족하면 사냥감을 놓치고 빈손으로 집에 돌아와 잠을 잤을 것이다. 그들이 수면과 맞바꾼 위험은 배고픔이 전부였다. 하지만 현대사회에서 인류가 수면과 맞바꿀 위험은 엄청나다. 또한 깨어 있는 시간 동안 일에 대한 몰입력을 높이는 가장 좋은 방법은 충분히 잘 자는 것이다. 그러므로 잠을 줄여서 뭔가 하려는 시도는 경계해야 한다. 수면 부족으로 인해 생기는 결과들을 절대 과소평가 하지 말라.

잠은 눈꺼풀을 덮어
선한 것, 악한 것, 모든 것을 잊게 하는 것

– 호메로스

2

내 몸에 새겨진
잠의 역사

전등이나 조명이 없던 시절, 인류는 해가 뜨면 일어나고 해가 지면 잠을 잤다. 수렵 생활을 하던 시절 남자들은 해가 지면 바로 집으로 돌아왔을 것이다. 지금처럼 해가 져도 남자들이 집 밖에서 돌아다니는 일을 상상이나 했겠는가? 지금 우리 곁에 전등이 없었고 상상해 보자. 밤에는 꼼짝없이 집에 틀어박혀 있을 수밖에 없을 것이다. 한 마디로 밤이 되면 모든 것이 멈춰버리고 말 것이다.

문명이 발달하기 전 들이나 동굴 같은 곳에서 잠을 자는 것은 편치 않았다. 야생 동물이 언제 들이닥칠지 모르기 때문에 가족의 안전을 위해 중간중간 잠에서 깨어 주변을 살펴야 했다. 추운 겨울에는 털옷을 입어도 몸을 최대한 움츠리고 서로의 체온을 나누며 추위를 견뎌야 했다. 몸을 많이 움직일 수밖에 없었고 늘 먹을 것을 찾아 옮겨 다녀야 했다. 뿐만 아니라 언제 나타날지 모르는 적으로부터 자신을 돌보기 위해 늘 긴장 상태를 유지해야 했다. 인류는 불을 사용하기 전까지 아주 오랫동안 이런 생활 패턴을 유지했다. "화성에서 온 남자, 금성에서 온 여자"라는 책에서는 남자와 여자가 서로 다른 장점과 단점을 지니게 된 배경을 이처럼 오래된 인류의 생활 패턴에서 찾는다.

남자는 사냥을 위해 높은 곳에 올라가 먼 곳을 바라보며 동태를 살폈다. 산세를 살피고 길을 찾아다니면서 지형을 파악하는데 능숙해야 했다. 이런 습성 탓에 남자는 방향감각과 전체를 보는 능력이 발달했다. 반면 여자는 집에 머물면서 살림과 육아를 책임졌다. 남자가 잡아 온 사냥감을 해체하는 것은 여자의 몫이었다. 이런 습성으로 인해 여자는 남자보다 꼼꼼하다. 오늘날에도 여자는 냉장고 속 몇 번째 칸에 뭐가 있는지를 다 알고 있으며 남자들이 못 찾아내는 것을 용케도 찾아낸다.

이처럼 선사시대부터 이어진 인류의 생활 패턴은 인류의 습성과 특성을 형성해 왔다. 그러므로 야생 동물로부터 생명을 지키기 위해 중간중간 잠에서 깨어 주변을 살피던 선사시대 인류의 수면패턴이 인간의 수면주기에 영향을 줬을 것이란 추측은 현실성 있어 보인다. 한편, 우리가 잠을 잘 때 깊은 잠 비렘수면, Non Rapid Eye Movement과 얕은 잠 렘수면–Rapid Eye Movement은 90분에서 120분주기로 사람마다 다르게 나타난다. 그래서 120분 단위로 잠을 자면 좋다는 학자도 있다. 잠을 잘 때 보통 90분 단위의 1주기가 4~5번 반복되는 것으로 알려져 있다. 우리의 뇌는 얕은 잠렘수면 단계에서 꿈을 꾸고, 내일을 위해 기억할 것과 버릴 것을 정리한다.

사람의 몸에는 해가 뜨면 일어나 활동하고 해가 지면 휴식을 취하고 내일을 위해 잠을 자는 일정한 패턴, 즉 '서케디언 리듬생체시계'이 작동한다. 낮에 활동을 하면서 몸이 햇빛에 노출되면 비타민D와 잠의 호르몬인 멜라토닌이 생성되는데 이 때문에 빛이 없는 밤에는 수면 호르몬이 분비되면서 잠이 든다. 인류는 이 같은 빛과 어둠의 자연주기에 자신의 생체시계를 맞추며 살아왔다. 모든 생물의 생체시계에 빛은 중요한 역할을 한다. 식물은 광합성을 해야 자라고, 꽃이 피고, 열매를 맺는다. 마찬가지로 사람에게도 빛과 잠은 우리 몸의 생체시계를 정상적으로 맞춰 몸이 갖고 있는 자연치유력을 발휘하게 만들어 준다.

현대 문명의 발달이 가져온 윤택함 속에 묻혀버린 쉼과 잠의 혜택을 이제 되찾아야 한다. 태양빛은 우리 몸의 생체시계를 작동시켜 우리를 밤에 잠들게 만들지만, 밤을 낮으로 착각하게 만드는 인공조명과 스마트폰에서 나오는 블루라이트는 각성을 일으켜 오히려 잠을 쫓아낸다. 물론 현대인은 해가 뜨면 일어나고, 해가 지면 자는 고대인처럼 살 수 없다. 하지만 수면의 질을 높여 다음날을 활기차게 맞이하기 위해서는 인류의 오래된 생체시계를 되살려내 건강한 수면습관을 만들 필요가 있다.

한편, 이 땅에 살아있는 모든 생물은 선천적으로 하루 길이에 대한 감각을 지니고 있다. 지구상의 모든 생명체가 이 감각을 지니게 된 것은 긴 시간 동안 태양의 주기에 길들여졌기 때문이다. 식물은 낮 시간 동안 햇빛에서 광합성 에너지를 얻어야 하고, 동물은 깨어서 활동하기에 최적인 시간에 몸의 상태를 최상으로 만들어야 한다. 이런 이유로 모든 생물은 '일주기日週期'라고 부르는 생체시계를 가지고 있어서 중요한 활동을 할 시간이 언제이고 잠을 자야 할 시간이 언제인지를 알려준다.

이 리듬을 최초로 알아낸 사람은 18세기 프랑스 천문학자 장자크 도르투 드 메랑 Jean-Jacques d'Ortous de Mairan이다. 드 메랑은 1729년 자신의 정원에서 식물이 낮에는 잎을 활짝 펼쳤다가 밤에는 거둬들인다는 사실을 발견한다. 이 현상이 햇빛 때문일 거라고 짐작한 그는 가설을 검증하기 위해 간단한 실험에 들어간다. 그는 다수의 식물을 지하 와인 저장실로 옮겼다. 밤이든 낮이든 빛과 온도의 변화가 전혀 없는 곳에서 잎의 움직임을 관찰하면서 기록했다. 그는 이 실험에서 신기한 현상을 목격했는데, 자극을 주는 햇빛이 전혀 없는데도 불구하고 식물은 여전히 아침에는 잎을 활짝 펼치고 저녁에는 거둬들이는 것이었다. 드 메랑은 식물이 실제 햇빛에 반응을 하는 것이 아니라, 햇빛이 비치는 시간을 예상하고 같은 패턴을 반복한다는 신비한 사실을 발견했다. 즉 식물에게는 이미 시간 감각이 각인되어 있었다. 그래서 햇빛이라는 자극이 없더라도 생체시계가 자동으로 작동되는 것이다. 이는 인간에게도 그대로 적용된다.

인간의 몸은 낮 시간 동안 체온이 올라간 상태로 유지되며 이에 따라 각성 상태가 된다. 우리가 와인 저장실 같은 깜깜한 곳에 갇혀 있어도 이 생체시계에 맞춰 몸이 반응할 것이다. 대부분의 사람들은 오전 9시경에 기운이 나며, 오후 2시경까지 그 상태를 유지한다. 점심을 먹고 나면 잠시 졸음이 몰려오기도 하지만 오후 6시쯤에는 몸에 다시 활기가 돌기 시작한다. 그리고 밤 10시경까지 활동을 계속할 수 있는 기운이 남아있다. 그리고 나서 체온이 급속히 떨어지기 시작한다. 강렬한 빛과 굉장한 소리가 있는 클럽에서 춤을 추고 있거나 커피 같은 카페인 음료나 각성제 등을 섭취하지 않는 한 잠이 오게 된다. 이것이 선사시대부터 이어져 우리 몸에 새겨진 잠의 역사다.

그런데 필자가 직장생활을 할 때 이상하게 느꼈던 현상이 하나 있다. 낮에는 피곤하던 몸이 퇴근 무렵인 오후 6시가 되면 오히려 활기가 도는 증상이다. 하루 일과를 마치면 얼른 집에 들어가 쉬고 싶어야 하는데 퇴근 시간만 되면 몸이 다시 각성되어 회식, 데이트, 야근 등 뭔가 할 일을 만들었다. 왜 그럴까? 이 궁금증은 수면사업을 통해 외국의 여러 연구 자료와 사례들을 접하면서 풀렸다. 왜 우리 몸에 초저녁에 기운이 솟아오르는 리듬이 작동할까? 필자가 찾아본 자료에 의하면 선사시대 식량을 구하느라 긴 하루를 보낸 인간이 불을 피우거나 집으로 돌아가는 길을 찾는데 에너지가 필요했기 때문이라는 것이다. 이처럼 우리 몸에는 인류가 오랜 시간 적응해온 생체시계가 정확히 작동하고 있다.

3

전구의 발명과
뒤집힌 밤

1994년, 로스앤젤레스에서 일어난 대
지진으로 정전이 발생했다. 온 사방이 깜깜한 암흑천지일 때 어떤 사
람들이 하늘에 '거대한 은빛 구름'이 나타났다고 경찰에 신고했다.
그것은 바로 은하수였다. 수많은 가로등 · 광고판 · 경관조명 · 자동
차 · 경기장 · 상가 등에서 나오는 불빛으로 도시가 뒤덮였기 때문에
밤이 되어도 은하수를 볼 수 없었던 것이다.

10여 년 전 필자가 일하던 공장은 경기도 안성과 충청도의
경계선인 도심 외곽에 위치하고 있었다. 야근을 하다 옥상에 올라가
잠시 눈을 감고 나서 하늘을 보면 수많은 별들이 빼곡히 차 있는 것
을 볼 수 있었다. 주변에 민가도 없어서 불빛이 전혀 없었다. 그래서
그런지 별빛이 선명하게 보였다. 머리가 복잡할 때면 별을 보기 위해
가끔씩 옥상에 올라갔던 기억이 새롭다. 지금은 거기도 공장과 건물

생각보다
위대한 잠

들, 차량이 늘면서 하늘에 총총히 매달려있던 별을 맨눈으로 보기가 불가능해졌다.

전구를 발명한 에디슨은 전등에 대해 '건강에 전혀 위험하지 않으며 양질의 수면을 방해하지 않는다.'고 주장했다. 이 주장은 오늘날 현대인들에게 여전히 진리일까? 그는 그의 발명이 인류의 역사에서 잠의 자연적인 리듬을 완전히 깨버릴 것이라는 사실을 짐작이나 했을까? 에디슨의 발명은 좋은 쪽으로든 나쁜 쪽으로든 인류의 삶의 질을 완전히 바꾸어 놓았다. 그의 발명은 선사시대부터 내려오던 인류의 자연적인 생체리듬을 깨버림으로써 인류의 건강과 삶에 심각한 영향을 미쳤다.

전구가 발명되면서 밝은 조명 아래 야간 교대근무가 시작되었다. 조립라인 천장에 주렁주렁 매달린 전구의 불빛 아래서 졸음을 쫓아가며 일하는 작업환경이 만들어진 것이다. 해가져도 작업을 멈출 이유가 없었다. 문명의 발달은 동전의 양면과 같다. 혜택이 있으면 반드시 그 이면에는 박탈이 있다. 생산성 향상과 화려한 밤 문화가 생겨났지만, 그 이면에는 인간의 생체시계에 따르던 자연스런 수면의 선순환 패턴이 깨어져 버렸다. 밤이 낮같이 환해지면서 우리 몸이 밤을 낮으로 착각하도록 만들었다. 빛으로 인해 각성된 몸은 밤에도 잠이 오지 않게 된다. 최근에는 스마트폰이 침대를 점령하면서 더 심각한 상태가 되었다.

인공조명으로 인해 어두워야 할 시간이 밝아지면서 우리 몸의 생체시계는 혼란에 빠졌다. 미국 전역에서 매일 밤 환하게 불을 밝힌 건물에 충돌하는 새가 연간 1억 마리 이상이나 된다고 하니 빛 피해가 실감난다. 잠들지 않는 도시는 밤에도 잠들지 않는 사람들을 만들어냈다.

이스라엘에서 흥미로운 연구를 했는데, 먼저 인공위성에서 147개 지역의 야간조명 수준을 지도 위에 표시했다. 그런 다음 유방암 발병 분포를 지도 위에 겹쳐보았다. 밤에 인공조명에 노출되는 정도와 유방암 발병률 사이에 상관관계가 있음이 밝혀졌다. 밤에 밝은 곳에서 사는 여성이 해가 진 후 어두운 곳에서 사는 여성에 비해 유방암에 걸릴 확률이 73%나 더 높게 나타났다.

빛 공해를 피해 건강하게 살기 위해서 산속으로 들어가 수렵생활을 할 수는 없는 노릇이다. 산속이나 강가에서 며칠 동안 캠핑을 하는 건 몰라도 직장과 일이 있는 도시를 떠나기는 쉽지 않다. 가끔씩 '자연인'이라는 프로그램을 보면 모두 자신의 삶에 만족한다고 말하지만 솔직히 대부분의 사람들은 그렇게 살기보다 도시에서의 삶을 택할 것이다. 창조적 파괴로 세상을 획기적으로 바꾼 전구의 발명은 인간을 쉼 없이 깨어있게 만들었다. 한번 무너진 생체리듬을 다시 맞춰 잠의 혜택을 누리는 것은 사실 쉬운 일이 아니다.

외국인들이 한국에 와서 놀라는 것 중에 하나는 화려한 밤 문화다. 유럽이나 미국 등 세계 어느 나라에 가도 우리나라처럼 밤늦게까지 가게 문을 열고, 먹고 마시는 나라는 찾기 힘들다. 대부분의 나라에서는 늦어도 9시면 거의 모든 상점들이 문을 닫는다. 동네는 깜깜하고, 사람들은 일찍 잠을 잔다. 그런데 한국은 24시간 영업하는 식당과 주점이 넘쳐나니 외국인들의 눈에는 신기할 따름이다.

물론 격무에 시달리는 직장인에게 퇴근 후 가벼운 한 잔은 피로를 풀어주는 비타민이다. 그런데 항상 과한 것이 문제다. 필자가 한창 일본에서 비즈니스를 할 때 대부분의 직장인들은 퇴근길에 동료와 가볍게 한 잔 마시고는 곧바로 집으로 갔다. 전철로 1~2시간 걸려 출퇴근하는 경우, 집 근처 라면집이나 선술집 같은 곳에서 생맥주를 곁들여 저녁을 해결하고 늦지 않은 시간에 집으로 가는 모습이었다. 한국과 일본은 수면 시간이 짧은 나라로 1, 2위를 다툰다. 선진국 가운데 일본도 수면 시간이 짧은 편이다. 그리하여 일본에서는 일찌감치 수면 연구가 시작되었고, 지금은 많은 수면 전문가가 활동하고 있다. 당연히 수면 산업도 한국에 비해 발달해 있다.

늦은 시간까지 드라마를 보며 TV 앞에 있다가 잠이 오지 않고 출출하면 야식까지 먹는다. 다음날 몸이 찌뿌둥하다며 불만을 토로하면서도 매일 똑같은 일상을 반복한다.

2014년 통계청에 의하면 한국인이 평균 잠자리에 드는 시각은 평일 밤 11시 24분, 토요일 밤 11시 29분, 일요일 밤 11시 15분이며, 한국인의 평균 수면 시간은 7시간 59분이었다. 그런데 이러한 통계가 발표되자 SNS에서 사람들은 '도대체 한국에서 누가 이렇게 잘 수 있는 거냐?'며 반발했다. 보통 자신이나 주변 사람들을 볼 때 한국인이 평균 잠자리에 드는 시간은 12시가 넘었고, 평균 수면 시간은 6시간 정도였기 때문이다. 사실 2014년에 공개된 한국 갤럽의 자료에 따르면, 2013년 한국인 평균 수면 시간은 6시간 53분이었다. 조사기관에 따라 조금씩 차이는 있지만, 평균적으로 한국인의 평균 수면 시간은 6시간 35분이었다. 필자의 견해도 한국인은 평균적으로 6시간 정도를 자고 있는 것으로 추측된다.

반면 희망하는 수면 시간을 물어보면 7~8시간이었다. 하지만 잘못된 생활 패턴이 희망하는 수면 시간을 채우지 못하게 만드는 경우가 많았다. 늦은 시간까지의 TV시청, 무의식으로 만지는 스마트폰 등으로 이미 늦게 자는 패턴이 형성되었기 때문이다.

에디슨이 전구를 발명한 이래 인류의 밤은 뒤집어졌다. 그에 따라 인류의 생활 패턴도 완전히 바뀌었다. 그리고 인류가 오랫동안 유지해온 생체리듬은 이제 환한 도시의 불빛 아래 고삐가 풀려 버렸다.

신은 현세의 여러 가지 근심에 대한 보상으로서
우리에게 희망과 수면을 주었다.

— 볼테르

4

마음의 암,
불면증

자고 싶은데 잠이 오지 않는 고통은 겪어 본 사람만이 안다. 밤이면 밤마다 잠들기 위해 몸부림을 친다. 숫자를 세보아도 이상하게 시계 바늘 재깍거리는 소리에 정신이 더욱 뚜렷해진다. 잠을 자고 싶은데 잠을 잘 수 없는 밤이 이어지는 상태가 불면증이다. 몸은 피곤하지만 잠이 오지 않는 불면증은 '마음의 암'이라고 불리기도 한다. 불면증은 우리 뇌가 몸에 각성 명령을 계속 내려 그것이 고착화되면 나타난다. 불면증에 시달려본 사람은 '밤에 잠이 오지 않아 미칠 지경'이란 표현도 모자란다고 말한다.

불면증의 원인은 여러 가지가 있지만 스트레스, 걱정, 두려움, 고민 등이 가장 큰 원인이다. 또 식습관이 잘못되어도 불면증이 유발된다. 즉 직업 특성상 야간근무를 위해 잠을 쫓는 각성제_{일명 타이밍} 등을 자주 복용하거나 습관적으로 커피나 카페인 음료를 많이 마시는 경우다.

밤에 잠을 자지 않고 공부를 하거나 일을 하면 단기적으로 성과를 올릴 수는 있지만 이런 생활이 계속해서 이어지면 문제는 완전히 달라진다. 점차 각성에 길들여진 뇌는 밤에도 깨어있으라는 명령을 내리고, 몸을 혼란에 빠지게 한다. 불면증이 심해지면 자신도 모르게 우울증에 빠질 수 있다. 스스로 만드는 올가미에 몸과 마음이 지배당하는 것이다. 잠을 충분히 못 잤다는 사실이 '피곤하다', '힘들다', '피부가 거칠다', '건강이 나빠졌다' 등등 자신의 낮은 삶의 질을 합리화하는 이유와 핑계가 되기 때문에 불면증은 우리의 정신도 지배하게 된다. 이것은 삶의 의욕을 떨어뜨리는 원인이 되기도 한다.

미국의 경우, 성인 5명 중 2명이 매일 밤 수면 장애와 불면증으로 고통을 겪는다고 한다. 우리나라도 예외는 아니다. 미국정신건강연구소는 불면증 환자에게 우울증이 발생하는 비율이 수면 장애를 겪지 않는 사람에 비해 40배나 높다고 발표했다. 불면증을 먼저 치료해야 우울증도 고칠 수 있고 질 좋은 삶도 누릴 수 있다는 말이다.

필자가 단언하건대 불면증은 치료할 수 있다. 잠이 안 와서 죽을 것 같다고 하소연하는 사람들을 많이 만나봤지만 지금까지 수면 부족으로 죽은 사람은 아무도 없다. 지쳐서 새벽녘에 잠이 들거나 낮에 꾸벅꾸벅 졸며 부족한 잠을 보충하기 때문이다. 다만 불면증에 몸과 마음이 지배당하게 되면 그에 파생된 다른 질병으로 죽게 된다.

불면증 치료는 주인 잘못 만나 고생하는 내 몸에게 '수고 많았다', '고생한다' 등의 말로 위로하고 토닥이는 데서 출발한다. 그리고 나서 '나는 잠을 잘 수 있다'는 자신감을 가져야 한다. 솔직히 말해 불면증을 겪어보지 않은 사람은 없을 것이다. 인생의 여정에서 스쳐지나가듯 만나는 불면증이야 무슨 문제가 되겠는가? 다만 그 불면증이 장기간 머물지 않게 제어하는 힘은 자기 자신에게 있다. 수면제나 수면유도제 같은 약에 전적으로 의존해서는 치료할 수 없다.

수면사업을 하는 필자가 겪었던 불면증은 심각했다. 경영위기를 겪으면서 매일 밤 두려움이 엄습했다. 약 6개월간 잠을 이루지 못하는 극심한 불면증에 시달렸다. 머리카락이 빠지면서 흰머리가 나고 몸에서는 불쾌한 냄새가 났다. 이러다 죽겠다는 생각이 들었다.

필자는 살기 위해 자신감을 되찾는 행동을 의식적으로 하기 시작했다. 그러면서 점차 불면증에서 벗어났다. 생명을 다루는 수면사업에 애착을 갖게 된 계기였다. 새로운 인생이 시작된 것이다. 암울한 터널 속을 벗어나는 데는 돈이 들지 않았다. 신이 누구에게나 공평하게 준 선물, 바로 아침 햇빛 덕분이었다.

우리는 피곤하면 잠을 자고, 자고 나면 피로가 풀리고 의욕이 생긴다. 이런 잠의 선순환이 원활하면 건강한 몸과 마음을 유지할 수 있고 삶에 활기가 넘친다. 필자는 고장 난 수면 리듬으로 인해 고통 받는 사람을 얼굴만 보고 알 수 있다. 대부분 인상이 편안하지 않고 성격도 예민해서 접근이 쉽지 않다. 주위를 둘러보면 잠을 이루지 못해 수면제를 복용하는 사람이 의외로 많다. 제약사들은 불면증 치료제가 뇌와 몸을 실제 수면 상태와 같은 상태로 만든다고 광고한다. 그러나 수면제는 얕은 잠에 머물게 할 뿐이다. 의학계는 얕은 잠으로는 피곤이 풀리지 않는다고 말한다.

의사의 처방으로 구입할 수 있는 전문의약품인 수면제와 달리 수면유도제는 일반의약품으로 의사의 처방 없이도 약국에서 쉽게 구입할 있다. 약효나 성분 등에서 차이가 나는데 사람에 따라 다르지만 약효의 지속 시간이 수면유도제는 2~3시간, 수면제는 4~12시간이라고 한다.

필자의 지인 중에 활발하게 사업을 하며 늘 분주하게 사시는 분이 있다. 회사와 가정 어느 것 하나 부족함이 없어 보였다. 그런데 매일 밤 잠을 이루지 못해 수면제를 장기 복용하고 있다는 사연을 들었다. 몸의 긴장을 풀고 잠을 청하기 위해 온갖 방법을 다 써봤다고 한다. 잠자리에 들기 전 가볍게 와인을 하거나 잠이 들게 한다는 허브차 등을 마셔보기도 했다. 하지만 효과가 없었다고 한다. 그러다 의사의 처방을 받아 수면제를 복용하는 단계까지 왔다는 것이다. 잠을 잔 것 같은데 다음날 몸 상태가 좋지 않으면 불안하다고 했다. 더 큰 문제는 수면제를 복용하고 나면 잠들기 전 자신도 모르게 가족에게 헛소리를 한다는 것이다. 자신은 전혀 기억이 나지 않는다며 창피해 했다. 늘 활기차고 멋지던 얼굴이 많이 상해 보였다. 사람마다 다르겠지만, 아마도 수면제로 인해 환각 상태에 들어가면서 나타났던 증상으로 보인다. 다시 한번 강조하는데 수면제는 얕은 잠에 머물게 할 뿐 깊은 잠에 빠지게 만들지 않는다. 또한 얕은 잠으로는 피곤이 풀리지 않는다.

최근 부작용을 줄인 수면제가 나오고 있다고 하지만, 수면제 복용 후 잠에서 깨어났을 때 어떤 사람들은 어지럼증이나 불안감을 느끼기도 한다. 수면제의 부작용으로 기억 혼란이나 환각 작용, 몽유병 등이 나타날 수 있다는 사실은 엄연히 명시되어 있다. 공부나 직업의 특성상 잠을 쫓기 위해 각성제를 복용하고, 부족한 잠을 자기 위해 다시 수면제나 수면유도제를 장기 복용하는 악순환을 끊어야 산다. 잘못된 습관과 약물 의존은 몸과 마음을 망가뜨린다는 사실을 분명히 인지해야 한다. 그러므로 단기적인 수면장애의 경우 수면제의 도움을 잠시 받을 수는 있으나, 보다 근본적인 원인을 파악하고 올바른 수면습관을 갖는 것이 무엇보다 중요하다.

지금까지 습관적으로 수면제를 장기 복용하고 있다면, 전문의와 상의하여 수면제를 끊고 다른 치료법을 찾아보자. 낮에 햇빛샤워를 하기, 몸을 움직이기, 커피를 끊거나 줄이기, 감사의 일기 쓰기, 수면 의식 정하기, 잠자리에 드는 시간 정하기 등을 하나씩 실천하며 활기찬 인생을 되찾기 위한 시도를 해보자. 물론 습관을 바꾸는 시도는 고통이 따른다. 누구나 경로의존성을 갖고 있기 때문이다. 그러나 고통 지수가 차츰 낮아지는 단계에 접어들 때까지 포기하지 않기를 바란다. 생기를 되찾아 줄, 신비한 마법 같은 잠의 혜택을 한번 누리게 되면 다시는 놓치고 싶지 않을 것이고, 그동안의 모든 고통을 보상받고도 남는 기쁨을 누리게 될 것이기 때문이다.

베개에 머리를 대는 순간 잠이 드는 사람은 밤새 뒤척거리며 뜬 눈으로 밤을 새다시피 하는 사람의 심정을 모를 것이다. 불면증을 연구하는 뉴욕대학 에밀리 마틴Emily Martin 교수는 '잠의 조건은 모순적이다. 잠은 아주 좋은 것이지만, 다른 좋은 것하고는 매우 다르다. 그것을 얻으려면 그것을 가지겠다는 강박관념을 버려야 하기 때문이다.'라고 말한다. 오스트리아의 심리학자 빅토르 프랑클Viktor Frankl 도 '잠은 사람의 손 가까이에 내려앉아 그 사람이 관심을 보이지 않는 한 계속 머물러 있는 비둘기 같다. 그것을 잡으려고 시도하면 금방 날아가 버린다.'라고 말했다. 다시 말해 잠에 집착하면 오히려 잠을 놓치는 결과를 낳는다는 것이다.

필자의 지인 중에 '나는 잠을 잘 수 없는 사람이야'라고 말하며 자신을 단정짓는 분이 있다. 그분이 잠을 못 이루게 된 시점은 꽤 잘 나가던 사업이 실패로 돌아서면서부터다. 걱정과 스트레스로 잠을 이루지 못한 날들이 이어지면서 그 패턴이 뇌에 각인되어 버렸기 때문이다. 그분은 낮에 늘 우울한 표정으로 밤에 잠이 오지 않는다며 하소연한다. 불면증과 우울증은 영혼의 짝과 같다. 그분에게는 밤이 공포의 대상이다.

불면증은 마음에서 온다. 그래서 먼저 마음을 고쳐야 한다. 이를 뒷받침해 주는 근거가 있다. 약에 의존하지 않고 불면증을 치료할 수 있는 방법을 알아낸 사람으로 샤를 모랭Charles Morin이라는 캐나다 라발대학 심리학 교수다. 그는 행동 변화가 불면증 치료에 어떤 효과가 있는지를 10년 이상 연구했다. 샤를 모랭 교수는 잠을 잘 자지 못하는 사람과 잘 자는 사람의 차이를 '잠에 대한 집착'에서 찾았다. 즉 불면증에 시달리는 사람은 잠을 자지 못한다는 사실에 과도하게 신경을 쓰고 있었다. 불면증 환자는 잠을 못 자면 불안감에 휩싸이며 초조해 한다. 그런데 이것이 불면증을 심화시키는 원인이 된다.

수면다원검사를 해보면 이상한 현상을 발견하게 된다. 잠드는 데 1시간 이상씩 걸린다고 말한 사람의 뇌파 기록 그래프가 10분 안에 잠든 것으로 나온 것이다. 잠드는 데 소요되는 시간을 수면잠복기Sleep latency라고 하는데, 보통 사람은 7~8분이면 잠이 든다. 그렇다면 쉽게 잠드는 사람과 잘 잠들지 못하는 사람이 잠드는 시간은 실제로 얼마나 차이가 날까? 결론은 겨우 2~3분 차이였다. 즉 밤새 한숨도 못 잤다고 말하는 사람의 뇌파 기록이 그의 말과 달랐던 것이다. 겨우 2~3분의 차이로 '나는 좀처럼 잠들지 못한다'고 믿는 것이다. 실제로는 잠을 잘 잤는데도 불구하고 말이다.

불면증이 있는 사람의 의식 속에 잠에 대한 불만이 자리 잡고 있기 때문이다. 우리는 잠든 순간은 기억하지 못하고, 베개를 뒤집거나 이불을 걷어차 찾느라 잠이 깬 순간만을 기억한다. 마치 밤새 뒤척이며 잔 것처럼 기억하는 것이 문제다. 의사가 불면증에 좋은 수면 유도제라고 설명하고, 미숫가루로 만든 알약을 처방한다면 어떻게 될까? 의외로 많은 불면증 환자가 위약Placebo을 복용하고는 쉽게 잠이 들었다. 수면은 뇌와 깊은 관련이 있다. 이처럼 약을 쓰지 않고 불면증을 낮게 하는 치료법을 '인지행동요법'이라고 한다. 반대로 사실을 잘못 인식한 뇌에 지배당하면 불면증이 심화된다.

그러므로 수면에 대한 자신감을 가지고 '나는 잘 수 있다'라고 생각을 바꾸고, 아침에 일어나면 '나는 잘 잤다'라고 긍정의 리셋 버튼을 눌러 자기 암시를 할 필요가 있다. 그래야 잠에 대한 집착에서 벗어날 수 있다. 뿐만 아니라 앞에서 말한 것처럼 낮에 빛을 보고 활동하기를 꾸준히 실천해 보자. 이런 시도가 몸과 마음에 하나하나 쌓이면서 밤이 행복해지는 날을 맞이하게 될 것이다.

5

수면경쟁력의
시대

매일 밤 12시를 넘겨 새벽 1~2시에 잠을 자는 분이 있었다. 그렇게 늦게 자면 힘들지 않냐는 필자의 질문에 학생 때부터 밤에 놀고 즐기느라 잠자는 시간이 아깝다고 생각했고, 그러다보니 늦게 자는 게 습관이 되어 버렸다고 했다. 눈을 뜨고 있어야만 살아있는 시간이라고 알고 있었던 것이다. 그분은 잠자는 동안 몸과 마음이 정화되고 회복된다는 사실을 몰랐다.

우리는 대부분 잠을 줄여서 공부하고 노력해야 좋은 대학에 갈 수 있고 성공할 수 있다는 말을 귀에 딱지가 붙도록 들으며 자랐다. 필자도 학창시절 4당 5락, 즉 4시간 자면 붙고 5시간 자면 떨어진다는 얘기를 많이 들었었다. 또 이 말을 신봉하면서 고등학교 2학년 말부터 3학년 여름방학 때까지 약 10개월간을 4시간 수면법을 실천하며 열심히 공부한 적도 있다. 사실 그 덕에 단기간에 학업성적이

중하위권에서 상위권으로 뛰어올랐다. 하지만 잠을 쫓아가며 공부하는 것이 단기간에 성적을 오르게 할 수 있지만, 한편으로 건강을 나쁘게 만들 수 있다는 사실을 간과했다.

우리 몸과 마음은 잠을 잘 때 기계처럼 전원이 완전히 'OFF' 되지는 않지만, 몸과 마음이 수면 모드가 된다. 잠을 자는 동안에도 몸에서는 자율신경이 작동한다. 자율신경은 체온을 유지하고, 심장을 움직이고 폐를 호흡하게 한다. 각종 호르몬을 분비하고 신진대사를 조절한다. 자율신경은 깨어있는 동안 활동에 관여하는 '교감신경'과 수면과 휴식 시간에 작동하는 '부교감신경'으로 나뉜다. 그 둘은 24시간 동안 주요 임무를 교대하며, 교대시기에 따라 한 쪽이 30% 정도 우위를 차지하며 일한다. 낮이든 밤이든 활동모드로 있으면 교감신경이 우세하고, 몸과 마음이 지쳐서 스트레스가 쌓이게 된다. 반면 자는 동안은 부교감신경이 우위를 점해야 깊은 잠을 잘 수 있다. 이러한 자율신경의 밸런스가 무너지면 체온과 소화 및 배설 등 기초적인 신체활동의 리듬이 깨진다.

지금까지 잠을 자는 동안 우리 몸과 마음에 어떤 일이 일어나는지 가르쳐 준 사람이 없다. 다만, 잠을 많이 자는 사람은 게으르고 나태한 사람이라는 가르침만 받아왔다. 물론 그럴 수도 있다. 하지만 인생은 길다. 100미터 달리기도, 42.195km의 마라톤도 아니다. 사는 동안 수많은 장애물을 넘고 포기하지 않고 달려하는 긴 여정이다. 잠자는 시간을 줄여서 목표를 달성하겠다는 생각은 오히려 긴 여정에 해가 될 수 있다. 7~9시간을 충분히 자고, 가뿐하고 활기 넘치는 몸과 마음으로 깨어 있는 동안 몰입해서 일하는 편이 훨씬 생산적이고 행복한 인생이 아닐까.

필자도 밤새 고민하며 뜬 눈으로 여러 날을 세어봤지만, 해결책은 떠오르지 않았다. 피곤만 더하고 고민만 깊어졌을 뿐이다. 그러다 일단 자고 보자는 식으로 마음을 바꾸게 되었다. 잘 자고 일어나 창문을 통해 들어오는 아침 햇살이 두 눈을 통과하면 두뇌는 활성화되고, 창의적인 생각이 떠오르게 된다.

우리는 잠을 자야 창의적인 생각과 통찰력을 얻을 수 있다. 잠을 자는 동안 뇌는 깨어 있는 동안 쌓여 정체를 일으키던 일들을 구분해 장기적으로 저장해 둘 내용과 잊어버려야 할 것들을 구분하여 정리한다. 기억을 쌓아 놓기만 한다면 새로운 것이 들어갈 틈이 생기지 않기 때문이다. 인체는 신비롭게도 새로운 생각을 떠올리기 위해 과거의 기억을 잊도록 만들어졌다. 어떤 문제를 해결할 돌파구가 밤에 잠자리에 누워 잠을 잘 때 생기는 것이다. 잠을 잘 때 뇌에서 학습과 기억, 창의성에 중요한 과정이 일어나는 것이다. 즉 우리가 의식적인 노력을 하지 않더라도 잠을 자는 동안 신경세포들이 불가사의한 결합으로 문제를 풀거나 새로운 생각을 발전시키는 것이다.

비틀즈의 폴 매카트니 Paul McCartney는 어느 날 침대에서 일어나는 순간 어떤 멜로디가 떠올랐다. 그는 곧장 피아노로 달려가 떠오른 선율을 연주하기 시작했는데 이 곡이 그 유명한 '예스터데이Yesterday' 였다. 매카트니는 훗날 전기 작가에게 '그것은 그냥 떠올랐어요. 완벽하게요. 나도 믿을 수 없었어요.'라고 말했다. 필자도 수면사업을 하면서 수많은 난제를 풀어온 원동력이 '일단 자고 보자'는 철학이었다고 생각한다.

잠을 충분히 잘 자면 면역력도 좋아진다. 우리나라는 OECD 국가 중 결핵 발생률 1위다. 대부분의 사람들이 결핵은 옛날에나 걸리던 병으로 2000년대에 들어 사라진 것으로 생각했다. 그러나 결핵은 한해 3만 명 이상의 환자가 발생하고, 2천 2백여 명2015년, 통계청이 사망에 이르게 하는 심각한 병이다. 2016년 결핵 환자는 10만 명당 60.4명으로 그 중 15~19세, 20~24세의 젊은 환자 비율도 적지 않다. 키도 크고 허우대도 멀쩡해 보이는 젊은이들의 몸이 허약한 것이다. 전문가들은 평소의 식습관과 수면패턴에서 원인을 찾는 연구를 하고 있다. 장의 중요한 기능은 음식물을 소화시키는 것에 머물지 않는다. 낮에 활동한 장이 밤에는 쉬면서 유익균이 온 몸을 돌며 면역력 강화 활동을 하게 한다. 그런데 자야 할 시간에 자지 않고 야식을 먹게 되면 쉬어야 할 장은 밤새도록 소화시키는데 에너지를 허비하다가 결국 면역력 강화 활동을 못하게 된다. 이처럼 잘못된 식생활과 수면습관이 젊은 층의 결핵 발생률을 높이는 원인이라고 추정하는 학자도 있다. 야식으로 인하여 나빠진 수면의 질은 다음날 몸의 상태를 망가뜨리는 원인이 된다. 일 년에 몇 번의 야식으로 병이 생기지는 않는다. 하지만 습관화된다면 문제는 다르다.

인생은 잠을 줄여 가면서 단기간에 끝내야 하는 승부가 아니다. 쉴 때 쉬고, 공부할 때 공부하고, 잘 때 자면서 해야 후유증을 남기지 않고 행복하게 완주할 수 있다. 당신이 부모라면 아이가 어릴 때 반드시 수면경쟁력을 갖추어 주어야 한다. 잠은 삶을 풍요롭고 건강하게 만든다. 잠의 혜택을 제대로 누리는 인생이야말로 경쟁력 있는 인생이다. 필자는 우리나라의 학교가 이러한 잠의 비밀을 알기를 바란다. 그러면 세상이 훨씬 밝아질 것 같다.

스탠포드대학 연구 그룹은 25년 동안 월요일 밤에 열린 내셔널풋볼리그NFL 경기를 조사했다. 서부지역 팀과 동부지역 팀의 모든 경기를 조사했는데 경기 장소와 상관없이 서부지역 팀의 승률이 동부지역 팀보다 월등히 높게 나왔다. 단순히 서부지역 팀이 동부지역 팀에 비해 전력이 우수해서 일까? 아니면 홈경기의 이점이 반영된 결과일까?

동부 표준시간으로 저녁 8시 30분에 열리는 풋볼 경기를 모두 살펴본 결과는 놀라웠다. 동부지역 팀이 같은 시간대에 있는 다른 지역으로 이동해 치른 경기의 승률은 45%였다. 하지만 태평양 시간대에 있는 지역으로 비행기로 이동한 뒤 치른 경기의 승률은 29%로 뚝 떨어졌다. 동부 표준시간인 저녁 8시 30분은 서부지역에서는 오후 5시 30분에 해당된다. 동부지역 팀이 서부지역에서 시합하는 날은 3시간이나 앞선 시간에 경기를 해야 한다. 하지만 이 시각은 동부지역 선수의 생체리듬으로는 초저녁이다. 서부지역 선수는 에너지를 발산하는 최상의 시간에 경기를 하게 되고, 동부지역 선수는 체온이 서서히 내려가는 단계에서 경기를 하게 되는 것이다.

원정경기를 하는 동부지역 팀에게 불리한 경기다. 주생활 지역의 생체시계에 맞추어진 사람이 짧은 시간에 먼 거리를 이동하면 무슨 일이 생길까? 생체리듬이 현지 시간과의 차이를 따라잡지 못해 생기는 시차증후군이 생긴다. 4쿼터에 접어들 때쯤 동부지역 선수는 생체시계로 밤 12시에 경기를 하게 된다. 몸이 체온을 낮추고 수면호르몬인 멜라토닌의 분비를 늘리며 잘 준비를 하는 시간에 경기를 하는 셈이다. 생체리듬으로 볼 때 당연히 서부지역 선수에게 유리한 경기이므로 선수들의 기량에 상관없이 서부지역 팀의 승률이 높을 수밖에 없었다.

유럽축구연맹 챔피언스리그UCL에서 메시, 호날두와 함께 공동 최다 득점을 기록한 브라질의 축구 영웅, 레이마르와 피겨스케이팅에서 김연아 선수의 라이벌이었던 아사다 마오 선수의 공통점이 있다. 바로 베개, 매트리스 등 수면용품의 광고 모델이라는 점이다. 원정경기 때마다 전용매트와 베개를 메고 가는 대형 사진이 매장에 걸려있다. 광고판에는 수면이 경기력 향상에 도움이 된다고 문구가 적혀있다. 즉 시차와 잠이 신체수행 능력에 영향을 미치기 때문에 비등한 실력에서 경쟁자보다 앞서가는 마지막 방법은 수면경쟁력을 확보하는 것이다. 남들이 무시하는 잠으로 승패가 갈릴 수 있음을 기억해야 한다. 잘 자는 것은 비슷한 실력일 때 경쟁자를 이길 수 있는 최후의 무기다.

꿈은 다양하게 나타난다. 성장기인 청소년기 때는 벼랑에서 떨어지는 꿈을 자주 꿨다. 어느 날은 도깨비와 싸우다가 잠에서 깨기도 했다. 이처럼 렘수면 시간에는 꿈을 생생하게 꾸고, 깨어 있을 때처럼 뇌가 활발하게 활동한다. 이 시간 동안 뇌는 저장할 것과 휴지통에 버릴 것을 선별한다. 다음날 새로 들어 올 정보는 담아내기 위해서 필요하지 않은 정보를 지우고 공간을 비우는 것이다. 쉽게 말해 렘수면 시간에 마음의 폴더를 정리하고 조직하는 과정이 활발하게 일어난다. 창조적 천재성은 이렇게 뇌가 매일 밤 온갖 잡동사니를 정리할 때 일어난다. 뇌에 중요한 정보만 남았을 때, 이전에 볼 수 없었던 연관관계를 알아내는 단초를 얻을 수 있다.

2000년에 독일 뤼백대학 연구팀에서 수면에 대한 새로운 개념을 연구했다. 뇌가 어떤 문제를 푸는 과정에서 소요된 시간과 수면의 연관성을 연구한 것이었다. 잠을 8시간 잔 참여자는 17%나 빠른 속도로 과제를 완수했으며, 그중에는 더 쉬운 방법을 찾아내어 70%나 빠른 속도로 과제를 완수한 참여자도 있었다. 이처럼 잠은 뇌에

인지적 유연성을 발휘할 기회를 만들어 주고, 상황을 새로운 각도에서 바라볼 수 있도록 도와주는 역할을 했다.

잠이 뇌가 기억력을 강화하고 창의성을 발휘하도록 돕는다면 꿈도 수면의 일부일까? 꿈이 뇌가 그 목적을 이루는데 도움을 주는 것일까? 잠이 문제해결 능력을 향상시켜 주는 것은 확실하지만, 꿈이 그 과정에서 어떤 도움을 주는지는 아직 풀지 못한 숙제로 남아있다. 그러나 게임에 대한 꿈을 오래 꾼 사람은 실제 게임을 할 때 기술이 훨씬 향상되었다. 잠들었을 때 낮 동안 뇌가 붙들고 씨름했던 도전 과제가 마음속에 재생되면서 일어나는 현상이다. 처음 당구를 배울 때를 생각해 보면 잠자리에 누워서도 천장이 당구대로 보이고 자면서도 당구를 쳤던 기억이 난다. 증명된 건 없지만 게임에 대한 꿈을 꾸는 사람이 잠자는 동안 게임을 되살리지 않은 사람보다 기술이 훨씬 향상되는 것 같다.

한 땀 한 땀 손바느질의 수고를 혁신적으로 덜어준 기계가 재봉틀이다. 편리하고 빠르게 바느질할 수 있는 재봉틀의 발명에는 우리가 모르는 이야기가 숨겨져 있다. 바로 미국의 가난한 발명가인 하우에 대한 일화다. 그의 아내는 바느질로 생계를 꾸려나갔다. 절름발이로 직업이 없는 하우는 밤늦게까지 바느질에 시달리며 고단해하는 아내의 모습을 지켜봐야 했다. 그러다가 문득 '불쌍한 아내, 저런 일을 기계로 할 수는 없을까?'라는 생각을 하게 되었다. 사실 바느질은 똑같은 동작을 되풀이하는 단순한 작업으로 기계가 할 수 있을 것 같았다. 하우는 틈만 나면 재봉 기계에 관한 연구에 몰두했으나 발명이 쉽지 않았다. 그러던 어느 날, 하우는 이상한 꿈을 꿨다. 꿈속에서 그는 어떻게 된 영문인지 토인 추장 앞에 끌려 나가 1시간 안에 재봉 기계를 만들지 못하면 사형에 처한다는 엄명을 받았다. 그러나 아무리 궁리해도 재봉 기계 발명이 쉽지 않았다. 그는 마침내 사형장으로 끌려 나갔고, 토인이 창을 겨누며 다가왔다. 바로 그때 햇빛에 창 끝이 반짝였고, 순간적으로 하우는 창 끝의 조금 넓적한 부분에 구멍이 뚫려 있음을 보았다. 하우는 '바로 이거다!'하고 외쳤고, 번쩍 정신이 들며 잠에서 깨어났다. 바늘은 뒤쪽에 실을 꿰는 구멍이 있었지만 토인이 겨눈 창은 앞쪽에 구멍이 있었다. 하우는 앞쪽 바늘구멍에 실을 꿰어 윗실과 밑실로 겹바느질을 할 수 있는 2중 재봉법의 묘안을 찾아내 마침내 재봉틀을 발명할 수 있었다.

　　필자도 비슷한 경험이 있다. 해외 출장에서 돌아오는 비행기 안에서 잠깐 잠이 들었다. 그 당시 골치 아픈 문제로 조사를 받은 일이 있었는데, 해결책이 나오지 않아 답답한 시간을 보내고 있었다. 그런데 잠이 깨면서 무릎을 탁 치는 아이디어가 떠올랐다. '바로 이거다. 이걸 제출하면 되겠구나.' 문제는 원만하게 해결되었다. 뇌 연구학자들은 꿈을 뉴런 과정에 대한 신체적 반응으로 봤고, 심리학자들은 무의식이 반영된 것이라 주장한다. 분명한 것은 수면제나 안정

제 등 약제를 복용하지 않는 한 사람들은 대부분 비슷한 분량의 꿈을 꾼다는 것이다. 그러나 모든 사람들이 간밤에 꾼 장면을 기억할 수 있는 것은 아니다. 꿈에 대해서는 아직 밝혀지지 않은 부분이 더 많다. 심오한 미지의 세계에 있는 꿈과 잠을 연구하는 뇌 과학은 흥미진진하고 매력 있는 미개척 분야다. 아무튼 렘수면 상태에서 꾸는 꿈마저도 깨어있는 동안에는 상상하거나 예상하지 못한 아이디어를 우리에게 제공할 수 있다. 그렇다면 잠은 정말 각박하고 피곤한 시대를 살아가는 현대인의 경쟁력이 아닐까? 그러므로 삶의 전반에 영향력을 끼치는 수면경쟁력은 곧 현대인의 필수 생존 능력이다.

6

잠자는 인간,
호모 슬리피쿠스

잠은 최고의 치유법이다. 우리는 잠을 자는 동
안 희망을 충전한다. 고민이 있거나 스트레스가 심하면 제일 먼저 나
타나는 증상이 잠이 오지 않는 것이다. 밤새 뒤척이다가 뜬눈으로 밤
을 새우기도 한다. 때로는 눈은 감고 있는데 정신은 밤새 말똥말똥하
기도 한다. 그러면 다음날 엄청나게 피곤하다. 젊었을 때는 몇 날 며칠
밤새워 일해도 하룻밤만 푹 자고 나면 피곤이 풀렸다. 그러나 30대 중
반을 넘어서면서부터는 하룻밤만 새워도 며칠간 정신을 못 차린다.
젊을 때와 비교해서 대사활동이 원활하지 않기 때문이다. 어찌됐든
밤새워 고민해서 문제가 해결되면 좋겠지만, 현실은 정반대다. 문제
는 해결되지 않고 건강만 상하고 나중에는 정신마저 혼미해진다. 면
역력이 떨어져 심각한 질병에 걸리기도 한다.

전날 부부 싸움을 했거나 분노가 치미는 일이 있었더라도 잠

53

을 잘 자고 나면 분노가 어느 정도 누그러졌던 경험이 다들 있을 것이다. 자고 일어나면 별일 없었던 것처럼 상대방에게 말을 걸 수도 있다. 이처럼 잠을 잘 자고 나면 삶에 플러스 에너지가 생긴다.

피곤하면 잠을 자고, 자고 나면 피로가 풀리면서 삶의 의욕이 생긴다. 이런 잠의 선순환이 건강한 몸과 마음을 유지하게 만든다. 잠을 잘 자면 암이나 우울증에 걸릴 확률도 떨어진다. 깊이 잠들면 교감신경(낮 시간, 체온이 올라감, 활동적이 됨, 동공이 커짐 등)이 약해지고, 부교감신경(밤 시간, 체온이 내려감, 차분해짐, 동공이 작아짐 등)이 우위를 차지한다. 아래는 잠의 3단계다.

잠의 1단계 : 졸음이 오는 상태
잠의 2단계 : 얕은 잠(렘수면-REM), 뇌는 깨어 있고 몸은 잠을 잔다.
잠의 3단계 : 깊은 잠(논렘수면-Non REM), 뇌와 몸이 같이 잔다.

잠의 1단계가 매우 중요하다. 졸릴 때 자야 한다. 억지로 잠을 참거나 때를 놓치면 잠이 오지 않는 단계로 들어가기 때문이다. 즉 뇌에서 계속해서 각성 명령을 내려 잠을 깨는 호르몬을 배출하게 만든다. 이렇게 뇌가 길들여지고 습관화되면 불면증을 일으키는 원인이 된다. 그러므로 졸릴 때는 자는 게 좋다

잠의 2단계는 눈동자가 움직이며 꿈을 꾸기도 하고, 기억을

정리하고 스트레스를 해소시켜 주는 마음 치유의 단계이다. 잠의 3단계는 눈동자도 움직이지 않고 깊은 잠을 자는 숙면 모드로 신진대사가 활성화되면서 몸을 재충전시키는 단계이다. 졸릴 때 자는 1단계를 지나야 2단계, 3단계를 거치면서 건강한 잠의 선순환이 이루어진다. 건강한 잠은 90분 주기로 2단계 렘수면과 3단계 논렘수면을 반복하는 것이다. 이런 잠은 잠이 곧 보약이 된다. 이렇게 잘 자게 되면 자율신경계가 원활한 임무교대를 하면서 뇌와 몸의 긴장이 풀리며 휴식을 취하게 된다.

수면의 첫 번째 주기는 보통 입면-논렘수면-렘수면 순으로, 수면의 두 번째 주기는 렘수면-논렘수면-렘수면의 순으로 나타난다. 약 90분으로 알려진 이러한 수면 주기를 보통 4~5회 진행하면 잠이 깬다. 첫 번째 수면 주기에서 논렘수면의 질이 가장 중요하다. 잠들고 나서 90~120분간 자율신경이 교체되면서 성장호르몬의 분비가 가장 많이 이루어지기 때문이다. 성장호르몬은 세포 성장, 신진대사 촉진, 피부 재생, 노화 지연을 돕는 역할을 한다. 잠든 후 맨 처음 90~120분 동안 논렘수면에 들어가지 못하면 성장호르몬 분비가 줄어든다. 사정상 5~6시간 밖에 자지 못하는 날이 있다면 첫 번째 논렘수면 90~120분을 제대로, 깊게 자도록 하자. 밤새 나오는 성장호르몬의 80% 가량이 이 시간에 집중해서 분비되기 때문이다. 이 시간만 제대로 자면 적은 시간을 자더라도 잠의 혜택을 누릴 수 있다.

질 좋은 수면을 위해서는 논렘수면뿐만 아니라 렘수면도 당연히 중요하다. 불면증이나 우울증 환자는 처음에 나타나는 논렘수면이 얇고 짧게 지나간다. 그리고 렘수면으로 빠르게 넘어간다. 이렇게 잠의 첫 단계가 불안정하면 다음 단계에도 좋지 않은 영향을 미친다.

단계별 주기가 매우 짧아, 자는 동안 7~10번씩 주기를 반복하는 경우도 있는데 이렇게 되면 숙면을 취하지 못해 아침을 상쾌하게 맞지 못하고 만성 피로에 시달리게 된다. 수면전문의원에서 수면다원검사를 받아보면 자시의 수면주기를 정확히 알 수 있지만, 요즘에는 스마트폰 어플 수면 곡선 분석 프로그램로도 자신의 수면주기를 어느 정도 알 수 있다.

신은 인간에게 잠을 주셨다. 모든 인류는 호모 슬리피쿠스인 것이다. 잠은 신이 인간에게 주신 가장 공평한 선물이다. 그러므로 이제 누구나 누릴 수 있는 잠의 혜택을 누려보라. 고민으로 밤을 새우기보다 고민을 잠시 미루고 우선 질 좋은 잠을 자라. 잠은 희망찬 내일의 시작이고, 내일 일은 내일 고민해도 충분하다. 잠을 잘 때 뇌 속에서는 엄청난 일이 일어난다. 창의성, 감정, 건강, 기억, 아이디어 등 우리 삶에 필요한 해답이 잠에 있다. 잠은 우리 몸과 마음을 모두 건강하게 유지하는 비결이다. 어려울 때일수록 우선 잠을 잘 자라. '잠은 우리가 원하는 사람이 되도록 우리를 도와줄 것이다.' '어제 잘 잤느냐?'는 인사는 '오늘 행복하냐?'는 인사말과 같다. 잠이 당신이 먹는 것과 사는 곳만큼 삶의 질을 결정하는 비밀 열쇠임을 잊지 말자.

☾ 나의 수면
Check

1 수면 부족으로 인해 겪었던 아찔한 사고나
현재 일상생활에서 느끼는 불편이 있습니까? ☐

2 평균적으로 잠드는 시간은 몇 시입니까?
잠을 자지 않고 밤늦게까지 하는 일은 무엇입니까?
당신이 그 시간에 잠드는 이유는 무엇입니까? ☐

3 불면증을 겪은 적이 있습니까?
불면증을 극복하기 위해 어떤 노력을 해봤습니까? ☐

4 당신의 수면패턴은 어떻습니까?
어떤 점을 개선하고 싶습니까? ☐

5 수면이 경쟁력임을 몸소 경험한 적이 있습니까? ☐

생각보다
위대한 잠

베개

황병일

너에게 머리를 누인다.
온갖 생각을 그대로 받아준 친구

눈물로 적신 날이 있었지
기쁨에 두 팔로 안은 날이 있었지

기죽지 말라고 목을 잡아준다.
가까이서 내 말을 들어준다.

스르륵 잠들게 하는 징검다리
신비한 꿈의 세계로 들어간다.
고맙다, 베개야

PART 2

잠 오답
노트

아침에 생각하라. 낮에 행동하라.
저녁에 먹어라. 밤에 잠자라.

– 윌리엄 블레이크

1

하루 4시간만 자면
충분하다?

　　문명을 획기적으로 발전시킨 발명품 중 하나인 전구는 밤새 일할 수 있는 환경을 만들어 인류에게 '수면박탈'이라는 예상치 못한 문제를 안겨 주었다. 몇 년 전, 한 유명한 침대 제조회사가 에디슨을 내세워 '잠은 하루 4시간이면 충분하다, 나머진 사치다.'라는 카피로 인기를 끌었다. 오래된 흑백 화면에 등장하는 에디슨과 이 카피는 대중들의 뇌리에 깊이 각인되었다. 그런데 이 카피는 정말 사실일까?

　　이 광고는 대중에게 잠은 하루 4시간이면 충분하다는 말을 믿게 만들었고, 그 이상 자는 사람은 게으른 사람으로 인식되도록 만들었다. 4~5시간 수면으로 다음날 컨디션에 이상 없이 활동이 가능한 사람을 '단시간 수면자'라고 한다. 필자는 이 광고를 보면서 에디슨이 여기에 해당되는 사람일 거라고 생각했다.

하지만 더 당황스런 사실은 에디슨이 잠을 덜 잔 것이 아니라는 사실이 밝혀진 것이다. 에디슨은 잠을 몰아서 잔 게 아니라 밤낮을 가리지 않고 잠깐씩 잠을 잤다. 심지어 연구소 작업대에서도 잠을 잤다. 그의 연구소에는 항상 그가 쓰는 침대와 베개가 한쪽 구석에 놓여있었다. 4시간만 자면서 연구했다는 것은 사실 홍보에 능했던 에디슨이 만들어 낸 거짓말이었던 것이다.

100만 명을 대상으로 수면시간과 수명의 관계를 분석한 연구에 의하면 단시간 수면자 수면시간 5시간 이하와 장시간 수면자 수면시간 10시간 이상는 수면시간이 6.5~7.5시간인 사람에 비해 사망률이 높게 나타났다. 이러한 연구결과는 특히 70세 이상의 고령자에게서 두드러지게 나타났다.

결론적으로 필자는 적절한 수면시간은 개인에 따라 다르다고 말하고 싶다. 다음날 거뜬히 일어날 수 있고, 몸의 컨디션도 좋다고 느껴지는 수면시간은 각자 다르기 때문에 오랜 시간 체감함으로써 스스로 자신의 '적절한 수면시간'이 어느 만큼인지를 알아야 한다. 그러나 수면시간보다 중요한 것은 그 수면시간을 매일 규칙적으로 지키는 것이다. 뿐만 아니라 수면의 질 역시 수면시간만큼 중요하다.

2000년대에 들어서 "아침형 인간", "4시간 수면법" 등의 책이 유행했고, 2015년에는 "미라클 모닝" 같은 책이 베스트셀러 목록에 오르기도 했다. 하지만 이를 따라 해서 되는 사람이 있고 안 되는 사람이 있다. 밤에 일하는 올빼미형이 아침 일찍 일어나는 종달새형으로 바뀌는 것은 쉽지 않은 일이다. 오랫동안 체화된 수면리듬을 바꾸는 것은 사실 어려운 일이다.

앞서 말했듯이 5시간 미만을 자도 다음날 피곤하지 않은 사람을 단시간 수면자라고 한다. 이런 사람은 유전자가 다르다. 그렇기 때문에 자신의 몸에 이미 새겨진 DNA를 무시하고 올빼미형과 종달새형을 자유롭게 오길 수 없다. 개인마다 적합한 수면시간이 정해져 있는 것이다.

매일 4~5시간만 자도 다음날 거뜬하게 일어나서 민첩하게 행동하고 건강에 아무 지장이 없는가? 그렇다면 당신은 단시간 수면자 유전자를 가진 사람이다. 하지만 불행히도 현실적으로 대부분의 사람들이 이에 해당되지 않는다. 이렇게 생활하면 대부분 며칠 지나지 않아 피곤하고 잠이 부족하다는 기분이 드는 게 일반적이다. 시중에 나와 있는 단시간 수면법 등은 아무 과학적 근거가 없으며 무작정 이를 따라 했다가는 오히려 건강을 해칠 수 있다.

이러한 시도는 마치 100미터를 9.58초에 주파하는 우사인 볼트를 보면서 같은 거리를 12초대에 달리는 평범한 사람이 부단히 연습해서 그와 같아지려는 시도와 같다. 애당초 이루기 어려운 목표인 것이다. 수면시간은 이미 유전자에 새겨져 있다. 그러므로 나와 다른 유전자를 가진 사람을 무작정 따라 해서는 아무 의미가 없다.

통기타 트리오 세시봉의 멤버 중 가객 송창식 씨의 수면리듬에 얽힌 일화가 있다. 송창식 씨는 윤형주, 김세환 씨 등과 같이 낮에 이루어지는 방송 녹화를 하고 싶어도 할 수 없다는 것이다. 송창식 씨는 밤새 작업을 하고 아침부터 자기 시작해 오후에 일어나는 수면 습관을 가지고 있어 낮 시간대의 방송을 맞출 수가 없다는 사연이었다. 더 신기한 것은 미국에 가면 시간대가 바뀌니까 낮 공연이 가능할 줄 알았는데, 몸이 현지 시간에 맞춰 해가 떠있는 낮 시간에는 커튼을 치고 잠을 자고, 밤에 일어나 활동하게 된다는 것이다. 그러면서 해외공연이 어렵다고 하소연했다.

필자도 30대까지는 올빼미형으로 밤늦게까지 놀거나 일을 했다. 그러나 40대에 들어서면서부터 그 리듬이 조금씩 바뀌기 시작했다. 그래서 종달새형과 올빼미형이 섞인 중간형 수면리듬을 갖게 되었고, 40대 중반부터는 종달새형의 비중이 높아졌다. 조찬모임이 많이 생기고 낮에도 일이 많아지면서 일찍 잠을 자지 않으면 피곤이 풀리지 않았고 집중력이 떨어지는 등 문제가 생겼기 때문이다. 수면 시간은 정해져 있기 때문에 최상의 컨디션으로 낮에 일하기 위해서는 잠드는 시간과 일어나는 시간을 조정해야 했다. 이처럼 수면리듬이 바뀌는 배경은 나이와 직업, 그리고 상황의 변화와 관련이 깊다.

그러므로 무조건 아침에 일찍 일어나는 사람이 부지런하고 책임감 있는 사람이라는 단정은 현대사회에서는 어울리지 않는다.

그것은 농경사회에서나 통하는 얘기다. 서양에는 '일찍 일어나는 새가 벌레를 잡는다.'는 속담이 있기는 하지만, 아침잠이 많은 올빼미형 사람을 무조건 게으른 사람으로 몰아붙이는 것은 편향된 생각이라고 할 수 있다.

아침형 인간인 종달새형과 저녁형 인간인 올빼미형은 수면습관이 오랫동안 체화되어 나타나는 결과이지만, 애초부터 체질이 다른 경우도 있다. 후자라면 올빼미형을 종달새형으로 바꾸려는 모든 시도는 헛수고가 될 것이다. 단기 프로그램과 훈련 등으로 잠깐은 바뀔 수 있을지 모르나 피곤한 나머지 다시 원상태로 돌아갈 것이다. 다시 말하지만, 무작정 남을 따라 하기보다는 자신의 수면습관과 타고난 체질, 직업 등을 고려하여 최대한 자신의 능력을 발휘할 수 있는 수면시간을 찾고, 이를 일정하게 유지하는 것이 인생을 건강하고 행복하게 사는 길이 아닐까 싶다.

수면은 침묵의 동반자이다.
문제가 있으면 내일 생각하라.

– 그라시안

2

|

밀린 잠은
주말에 몰아서 자면 된다?

　　회사에서 일을 하다 보면 마감시간을 맞추기 위해 잠을 줄여가며 일을 해야 할 때가 있다. 졸업 작품이나 논문 제출을 앞둔 학생도 마찬가지다. 때로는 잠을 푹 잔 지가 언제인지도 모를 정도로 잠을 충분히 잘 수 없는 기간이 길어지기도 한다. 필자 역시 '이것만 하고 자야겠다.'고 생각하면서 일하다가 밤을 홀딱 새우는 일이 간간히 있었다.

　　잠을 덜 자기 위해 계획적으로 수면시간을 줄인 게 아니라 어쩔 수 없는 사정에 밀려 수면시간이 줄어든 경우, 밤에 못 잔 잠을 잠깐씩 낮잠으로 보충하는 것도 효과적이다. 낮잠을 자면서도 뇌는 새로운 정보를 정리하고 종합하는 일을 하기 때문에 낮잠을 자고 일어나면 오히려 일의 능률이 향상될 수 있다.

　　필자도 직장생활하면서 밤에 학교를 다닌 경험이 있다. 그 시기에는 늘 수면이 부족했었다. 정해진 시간에 어김없이 출근을 해야 하는 직장인으로서 밤에 공부를 병행하는 것은 여간 힘든 일이 아니었다. 특히 시험기간은 정말 최악이었다. 필자는 그 기간 동안 낮에 화장실에서 20~30분씩 잠을 잤다. 그렇지 않고는 견딜 수 없는 피로감으로 인해 일에 집중할 수가 없었다.

많은 직장인들이 마감시간을 지키기 위해 일을 하다 보면 피곤이 몰려오고 이를 이기기 위해 고강도의 카페인 음료를 마셔 정신이 번쩍 들게 만든다. 카페인으로 각성시켜 몸을 버티게 만드는 것이다. 카페인은 일종의 각성제로 금세 효과가 나타난다. 그 이유는 카페인이 혈액과 뇌 사이의 경계를 쉽게 넘나들기 때문이다. 뇌로 들어간 카페인은 신경 연결을 느리게 하여 졸음을 쫓아낸다.

'Stay Awake, Stay Alive'라는 말이 있다. '깨어있어라, 그래야 살아남을 수 있다.'는 뜻으로 아프가니스탄 침공 시 병사들의 전투식량 중 100밀리그램의 카페인이 함유된 껌 포장지에 새겨진 문구다. 껌은 입속 조직을 통해 카페인을 흡수시켜 커피보다 5배나 빠르게 카페인을 뇌에 도달하게 한다. 전투에서 잠을 쫓기 위한 조치다.

카페인만으로 효과가 나타나지 않으면 각성 효과를 주는 의약품을 사용했다. 그런 경우 일시적으로 에너지가 충전되고 자신감이 올라가는 효과가 나타나지만 수면박탈의 혹독한 대가를 치르게 된다. 즉 각성제의 효과가 떨어지면서 깊은 잠을 자기가 어려워지고,

이로 인해 공격성과 폭력성이 증가하면서 안전사고가 빈번하게 일어나는 등의 부작용이 발생했다.

미국에서 유학한 친구가 한 말이 있다. 한국 학생은 미국 학생에 비해 체력이 약한데 이는 시험 기간에 여실히 나타난다고 한다. 시험 준비 기간 중 미국 친구는 햄버거나 커피만으로 끼니를 때우면서도 잘 견디지만, 자신을 포함한 한국 친구들은 시험 기간 내내 골골한다는 얘기였다. 아기도 이렸을 때부터 다져진 기초 체력에서 이유를 찾을 수 있을 것 같다. 바른 수면습관으로 축적된 힘이 결정적인 때에 드러나는 것이다.

앞서 말한 것처럼 필자는 직장생활과 학업을 병행하는 기간 동안 늘 잠이 부족했었다. 그래서 쉬는 날은 무조건 늦잠을 자면서 밀린 잠을 보충했다. 10시간 넘게 자는 날도 많았다. 하지만 몸은 여전히 무거웠고 컨디션 회복은 생각만큼 되지 않았다. 한 마디로 그렇게 많이 자고 일어나도 몸이 개운하지 않았다.

평소보다 늦게 일어나서 밀린 잠을 보충하는 것이 건강에 크게 도움이 되는 것도 아니다. 오히려 지나치면 역효과가 날 수 있다. 애리조나대학 연구팀은 수면 관련 학회에 주말과 평일의 수면시간이 1시간 이상 차이가 나면 심장병 위험이 10%나 커질 가능성이 있다는 연구 결과를 발표했다. 물론 휴일에 잠을 몰아 자면 피로나 스트레스 해소에는 도움이 될 수 있다. 혈중 스트레스 호르몬이 감소하고 비만위험이 낮아진다는 연구결과도 있다. 하지만 원칙이 있다. 평소보다 1~2시간 넘게 많이 자거나 늦게 깨면 수면패턴이 깨어져 역효과가 난다는 것이다.

흔히 월요병이라고 부르는, 휴일 다음날 출근하기 힘들어지는 것은 불규칙한 수면이 생체시계를 교란시켜 면역체계에 영향을 주기 때문이다. 그러므로 피로를 풀기 위해 주말에 잠을 더 자더라도 다음의 원칙을 지키는 것이 좋다. 즉 평소보다 1~2시간 일찍 잠드는 것이다. 그러면 다음날 아침에 일어나기 수월해진다.

일주일 내내 같은 수면패턴을 유지하기가 어려운 것이 현실이다. 야근, 회식, 모임 등으로 잠자는 시간을 지켜내기란 쉽지 않다. 필자도 11시 취침시간을 지키기 위해 오래된 습관과 싸워야 했고, 친구들에게 분위기를 깬다는 핀잔을 들어야 했다. 10년이 지난 지금은 30분 앞당겨 10시 30분에 잠드는 것을 목표로 하고 있다.

기억하자. 하루의 시작은 다음날 아침이 아니라 당신이 잠에 드는 시간이다. 그리고 쉬는 날은 햇빛을 보고 몸을 움직이며 건강을 관리하는 시간이다. 심리적, 육체적 피로를 회복하고 다음날 기분 좋게 일어나는 것은 당신의 경쟁력이 될 것이다.

3

|

머리만 대면 잠드는 게
부러운 일일까?

고단한 하루 일과를 마치고 침대에서 잠에 드는 시간은 하루 중 가장 행복한 순간 중 하나다. 삶의 무게를 잠시 내려놓고 내일을 기대하게 해주는 시간이기 때문이다. 하지만 평소 잠이 드는 시간이 긴 사람이라면 베개에 머리를 대면 곧바로 잠이 드는 사람이 그렇게 부러울 수가 없다. 지인 중에 자신은 잠을 너무 잘 잔다며 자신 있게 말하는 사람이 있었다. 뒤척임도 별로 없이 누운 자세 그대로 일어난다고 한다. 얼핏 보기에 수면 문제가 없을 것 같아 보였다. 그런데 이상하게 몸이 약했고 늘 감기를 달고 다녔다.

수면이 자연치유력을 높인다는데, 그 사람에게는 수면과 건강이 그렇게 연관성이 없는 것처럼 보였다. 수면전문의는 이런 경우 실제로 수면다원검사 등을 해 보면 수면의 질이 좋지 않게 나타나는 사례가 있다고 한다. 눕기만 하면 바로 잠이 든다고 해서 수면의 질이 좋다고 단언할 수 없다는 것이다. 잠이 잘 든다는 것은 오히려 수면부족이 누적된 결과일 수도 있다고 말한다. 나아가 몸 상태가 병이 나기 직전임을 알리는 경고일 수도 있다. 몸이 위험한 상태에 들어가 있다는 신호를 보내고 있다는 얘기다. 잠이 잘 드는 현상이 건강이상 징후라니 선뜻 이해하기 어려운 대목이다.

잠이 든 후 깊은 수면에 들어가기 전 얕은 수면단계가 약 10~15분 정도 지속된다고 한다. 이는 물론 사람마다 차이가 있다. 하지만 누구나 얕은 수면단계를 거쳐 점차적으로 깊은 수면단계로 접어든다. 따라서 얕은 수면단계를 생략하고 바로 깊은 수면단계로 넘어가는 것은 정상적인 수면리듬이 아닐 수 있다. 베개에 머리만 대면 잠이 드는 것은 건강하다는 증거라는 잘못된 상식으로 인해 병을 더 키울 수 있으니 전문의 상담과 건강검진 등을 통해 확인을 해야 한다.

낮에 뇌와 몸이 동시에 심하게 지쳐 있다면 잠을 자고 싶은 욕구가 그 사람의 모든 욕구 중 1순위를 차지하게 된다. 그러므로 졸음이 올 때 잠을 자는 게 제일 좋긴 하다. 때를 놓치면 잠들기 어려워지기 때문이다. 그러나 졸린 증상이 자연스런 수면리듬을 무시하고 나타난다면 점검이 필요하다.

문제는 밤에 충분히 잤는데도 낮에 참을 수 없이 졸리다면 이 또한 위험신호다. 밤에 잠을 자도 피로가 풀리지 않고 낮에 졸음이 온다면 우선 수면무호흡증을 의심해 봐야 한다. 자는 도중 호흡정지가 발생하며 수면이 얕아지는 증상이 나타난다. 이러한 증상은 자각하지 못하는 경우가 흔하다. 수면무호흡증은 뇌로 산소가 공급되는데 장애가 생기면서 두통과 졸음을 유발하고 집중력이 현격히 떨어진다.

자고 일어나면 극심한 두통에 시달리던 분이 있었다. 원인을 찾기 위해 MRI, CT 촬영까지 해 봤지만 소용이 없었다. 전부 이상이 없다고 나왔기 때문이다. 그러던 중 필자를 만났는데 얘기를 듣다 보니 그분은 잠을 잘 때 입을 벌리고 자고 있었다. 그래서 잘 때 코로 숨을 쉬지 않으면 산소공급이 제대로 되지 않아 두통이 발생할 수 있다고 알려드렸다. 단 며칠 만에 두통이 사라졌다며 기뻐서 연락이 왔다. 그분은 입을 막고 자는 단순하고 극단적인 조치로 두통을 해결했다며 좋아하셨다. 알고 보니 입에 테이프를 붙이고 잠을 자고 있었다. 코로 숨을 쉬기 위한 쉽고 획기적인 조치였다.

혼자서 잠을 자는 이른바 '혼잠'을 하는 경우라면 자신이 수면무호흡증이 있는지 인지하기 어렵다. 예전에 없었다고 해서 현재도 없다고 장담할 수 없다. 살이 찌거나 목에 지방이 축적되거나 혀, 편도 등의 조직이 비대해지면 예전에 없던 증상이 나타날 수 있다. 또 코뼈가 한쪽으로 틀어져 있어도 수면무호흡증이 나타날 수 있다.

혹시 잠을 잘 자는데도 계속 피곤하다면 수면에 문제가 있다는 징후일 수 있으므로 원인을 찾아내 치료하는 게 바람직하다. 장시간 방치하면 몸 상태가 심각해질 수 있기 때문이다. 흔히 베개에 머리를 대면 바로 잠이 드는 사람을 보면 왠지 건강하게 보이고 세상 근심걱정 없이 사는 것 같아 부러워 보인다. 그러나 사실은 건강한 사람이라면 잠이 드는 데 시간이 필요하다. 건강한 사람이라면 90분 간격으로 얕은 잠에서 깊은 잠으로 이어지는 리듬이 반복되기 때문이다. 그러므로 오히려 이러한 과정을 생략하고 바로 깊은 잠에 빠지는 사람이라면 건강에 위험신호일지도 모르니 그 신호를 놓치지 말고 몸 상태를 점검해 봐야 한다.

4

|

커피를 마시면 못 잔다 vs
상관 없다

　　비 오는 날 창가에 기대앉아 커피를 마시는 장면은 왠지 모를 따뜻함과 여유로움을 느끼게 해준다. 요즘 어느 동네를 가나 이곳저곳에 근사한 카페들이 많이 있다. 예전에는 유럽출장이나 가야 볼 수 있는 장면이다. 우리나라 커피 소비량은 1인당 연간 400잔을 훌쩍 넘는다고 한다. 라이프 스타일의 변화로 인해 습관적으로 커피를 마시는 사람들이 늘어났고, 커피전문점이 다용도 공간으로 활용되면서 커피 소비 증가 추세가 계속 이어지고 있다.

　　출근해서 잠을 깨기 위해 한 잔, 점심 후 직장동료와 한 잔, 3~4시쯤 졸릴 때 한 잔, 이렇게 마시다 보면 직장인은 어느새 3~4잔의 커피를 마시게 된다. 테이크 아웃해서 커피를 손에 들고 다니면서 마시는 사람들의 모습도 낯설지 않다. 통계로 봐도 우리나라 사람들이 하루 평균 3~4잔의 커피를 마신다고 한다. 물론 커피가 일의 집중도를

75

높이는 데는 좋다. 혈액을 타고 뇌로 전달되어 바로 각성작용을 일으키기 때문이다.

그런데 커피를 마신 후 잠을 못 이루는 사람이 있는 반면, 잠들기 직전 커피를 마셔도 잠을 잘 자는 사람이 있다. 왜 이런 차이가 생기는 것일까?

원인은 커피에 들어있는 카페인이다. 필자 역시 유독 커피를 마시면 잠이 들기 어려웠다. 몇 번을 고생하고 나서 얻은 깨달음은 카페인에 반응하는 민감도가 사람마다 다르다는 것이었다. '어떤 사람은 밤에 커피를 마시고도 잠 잘 자는데 나는 왜 이러지?' 궁금증은 수면사업을 위해 잠을 연구하면서 풀렸다.

사람마다 유전적으로 카페인 민감도가 달랐다. 그래서 어떤 사람은 커피 한잔에도 신경과민, 심장박동 수 증가, 불면증 등이 생길 수 있다. 필자의 지인 중에는 커피를 마시면 가슴이 두근거려 불안하다는 사람도 있다. 카페인에 과민하게 반응하는 체질은 커피를 많이 마신다고 해서 민감도가 낮아지지 않기 때문에 카페인 식품을 피하는 게 좋다.

커피의 카페인에 의한 각성작용도 개인별로 차이가 난다. 카페인 섭취 후 2시간 반만 지나면 이를 대사시켜 체외로 내보내는 사람이 있는 반면, 카페인 대사 속도가 매우 느린 사람은 11시간까지 걸리기도 한다. 이런 이유로 똑같은 커피를 마셔도 어떤 사람은 잠이 잘 드는 반면 어떤 사람은 잠을 이루지 못한다. 따라서 자신의 카페인 대사 속도가 어느 정도인지, 카페인 민감도가 어느 정도인지를 알고 커피를 마셔야 카페인으로 건강과 수면에 도움을 얻을 수 있다. 카페인 유전자나 대사 속도와 상관없이 불면증으로 고생하는 사람은 카페인에 더 민감하게 반응한다. 이 경우 커피를 아예 마시지 않는 것이 불면증 치료에 좋다.

필자의 지인 中에 밤늦게 커피를 마셔도 잠을 자는데 아무 지장이 없다는 사람이 있었다. 아메리카노 한 잔에 150밀리그램 정도의 카페인이 들어 있는데도 말이다. 그런데 평소에 잠을 어떻게 자고 있는지, 수면에 대한 만족도는 어느 정도인지 이야기를 나누다 보니 그가 만성수면부족이라는 사실을 알게 되었다. 이런 경우는 의외로 많다. 아침에 일어나면 늘 몸이 무겁고 피로가 풀리지 않는다고 했다. 사실은 잠의 질이 좋지 않았는데 본인만 모르고 있었다.

미국의 한 기관에서 카페인을 투여하고 잠을 자게 한 뒤 카페인이 잠에 어떤 영향을 미치는지를 연구했는데, 카페인 섭취 6시간이 지난 후 잠을 잔 사람들은 모두 '잘 잔다'고 대답했지만, 연구결과 수면의 질은 8.7%나 떨어져 있었고 수면시간도 평균 8분이 줄어 있었다. 잠들기 3시간 전에 카페인을 섭취한 사람들의 수면시간은 27분이나 짧아져 있었다.

커피와 상관없이 잠을 잘 잔다는 사람들을 대상으로 수면의 질에 대해 연구한 국내 연구결과도 있다. 분석결과 입면시간, 즉 잠들기까지의 시간은 2배나 늘어졌고, 수면무호흡, 뒤척임 등이 4배 증가하였으며 수면의 질은 20% 정도 떨어졌다. 무엇보다 얕은 잠에 머물면서 깊은 잠을 자지 못했다. 본인만 이를 의식하지 못할 뿐이다.

필자는 여러 차례 초저녁에 마신 커피로 밤을 꼬박 새운 경험이 있었다. 그 여파로 며칠씩 고생했다. 낮에는 극심한 피로감에 시달렸고, 지친 상태였지만 이상하게도 밤에는 잠이 잘 오지 않았다. 그렇게 2~3일 지나서 다시 정상적인 수면패턴으로 돌아오곤 했다. 그러나 수면사업을 하면서 카페인 대사 속도와 민감도를 알고부터는 오후 6시 이후에는 커피를 마시지 않고 있다. 질 높은 수면을 위해 자신의 카페인 대사 속도와 민감도를 점검해 보자. 밤에 마시는 커피는 상쾌한 아침을 맞이하는데 방해요소가 될 수 있다.

우스갯소리로 요즘은 신종 카페인이 더 문제라고 말한다. 신종 카페인이란 카톡, 페이스북, 인스타그램의 앞 글자를 따서 약자로 만든 것이다. 밤늦은 시간까지 스마트폰을 들고 있으면 뇌가 계속해서 활성화되기 때문에 잠을 쫓는다. 신종 카페인에 중독되지 않도록 주의해야 하는 이유다. 커피가 주는 일상의 여유로움은 포기할 수 없다. 하지만 은은한 커피 향과 맛을 오랫동안 즐기고 싶다면 질 좋은 수면을 먼저 확보해야 한다.

5

한밤중에 깨는 건
나쁜 일이다?

온갖 생물에게 빛의 에너지를 준 해가 넘어가면 어둠이 찾아온다. 그 후 새로운 무대가 열린다. 바로 잠자는 시간인 밤의 세계다. 지금까지 사람들은 이 시간을 삶에서 단절된 시간으로 여겨왔다. 우리 인생의 3분 1이라는 시간을 삶에서 제외시킨 것이다.

옛날 사람들은 오늘날처럼 아침에 일어날 때까지 한번에 이어서 잠을 자지 않았다. 그들은 해가 지고 나서 얼마 지나지 않아 바로 잠자리에 들었다. 그리고는 어느 시점까지 계속 잠을 잔다. 이것이 첫 번째 잠이다. 그리고 나서 중간에 잠이 깨면 한 시간 정도 깨어 있다가 다시 아침까지 이어서 잠을 잤다. 이것이 두 번째 잠이다.

일종의 분할수면으로 두 번의 잠 사이에 깨어있는 시간 역시 자연스러운 밤의 일부였다. 그들은 이 시간을 기도를 하거나 소변을 보는 등의 생리적 증상을 해결하거나 생각을 하거나 섹스를 하는데

썼다. 16세기의 한 프랑스 의사는 노동자들이 여러 명의 아이를 낳을 수 있었던 이유를 여기에서 찾았다. 즉 첫 번째 잠에서 깨어나 재충전한 기운으로 사랑을 나누었기 때문이라는 것이다. 사람들에게 첫 번째 잠은 낮에 사용한 에너지를 회복하는 시간이었다.

필자의 지인 중 한 사람은 분할수면을 하고 있었다. 낮에 일을 하고 들어오면 피곤한 나머지 그대로 소파에 누워 깊은 잠에 빠졌다. 그러다가 새벽에 일어나 씻고 다시 잠을 자서 아침에 일어나는 수면패턴을 갖고 있었다. 그 지인은 건강에 특별한 이상이 없었고 오히려 다른 사람들보다 활기차게 생활하는 편이었다. 분할수면이 좋지 않은 수면패턴이 아닌가 하고 의심했었는데 전혀 그렇지 않은 것 같았다.

오래전 인간이 분할수면을 했다는 사실은 연구를 통해 이미 밝혀진 사실이다. 미국 버지니아대학 로저 이커치Roger Ekirch 교수는 실험 참가자들에게 하루 14시간 동안 인공조명을 보지 못하게 하는 실험을 했다. 오래전 인류가 그랬던 것처럼 전구나 TV, 가로등, 스마트폰 등이 전혀 없는 상태에서 실험이 이루어졌다.

실험 참가자들은 처음에는 잠자는 것 외에 아무것도 하지 않았다. 마치 그동안 밀린 잠을 보충하는 것처럼 보였다. 그렇게 몇 주일이 지나자 피로가 완전히 풀린 실험 참가자들은 그 어느 때보다 생기가 넘쳐 보였다. 그런데 얼마 지나지 않아 실험 참가자들이 밤

12시가 지나면 몸을 뒤척였고, 침대에서 일어나 한 시간 정도 앉아 있다가 다시 잠자리에 드는 것이었다. 오래전 인간이 경험했던, 역사 기록에서나 볼 수 있었던 두 종류의 잠, 즉 분할수면 현상을 발견하게 된 것이다.

실험 참가자들은 지금까지 자신의 몸에 새겨져 있는 줄 몰랐던 기능을 새로 찾은 기분이 들었다고 했다. 이런 실험 결과는 실험 참가자들을 인공조명으로 가득 찬 환경에서 격리시키면서 나타났다. 메릴랜드주 베데스다의 국립정신건강연구소 토머스 웨르Thomas Wehr 연구원은 첫 번째 잠과 두 번째 잠 사이에 혈액을 채취하여 한밤중에 깨어나 보낸 시간이 건강에 미치는 영향을 밝혀냈다.

분할수면 사이의 시간 동안 실험 참가자들의 뇌는 프로락틴 호르몬을 다량 분비했는데, 프로락틴 호르몬은 스트레스를 줄이는 호르몬으로서 오르가즘 이후에 찾아오는 편안한 느낌과 관계가 있는 호르몬이다. 한밤중에 깨어나 보낸 시간이 하루 중 가장 편안한 시간임을 호르몬을 통해 유추해 볼 수 있다. 이 연구는 현대인의 수면습관이 몸의 자연적인 설계와 얼마나 멀어졌는지를 잘 보여준다.

스탠포드대학 수면생체리듬연구소 소장 니시노 세이지 교수가 말하는 수면의 골든타임은 잠들기 시작해 첫 번째 맞는 깊은 잠논렘수면 단계이다. 보통 90~120분간인데 이때 성장 호르몬의 70~80%가 분비되고, 자율신경계의 순환이 가장 활발하게 이루어진다. 그야

말로 우리 몸과 마음이 회복되는 골든타임인 것이다.

수천년 동안 인류의 몸에 체화되어 내려온 수면패턴은 잠자는 도중에 한 번 깨는 것이다. 이러한 수면패턴은 어찌 보면 매우 정상적인 패턴이다. 그러므로 잠을 자다가 중간에 잠이 깨는 현상을 심각한 건강이상신호로 인식하는 것은 잘못된 상식이다. 이러한 인식으로 인한 스트레스가 도리어 수면의 질을 떨어뜨릴 수 있다.

결론적으로 단순하게 말해, 잠을 자는 도중에 깰 수 있다. 이것은 매우 정상적인 것이다. 그리고 빛이 수면에 미치는 영향이 얼마나 대단한 지 안다면 수면의 질을 위해 밤늦게까지 인공조명에 노출되는 환경을 피하고 밤의 어둠을 자연 그대로 느끼자.

6

|

왼쪽으로 자면
건강에 좋다?

　　최근에 왼쪽으로 자는 자세가 건강에 좋다는 글이 SNS를 타고 떠돌아 다녔다. 필자도 복사해서 전해주는 친절한 지인들 덕에 여러 차례 그 글을 봤다. 왼쪽으로 자면 역류성 식도염, 수면무호흡증, 혈액·림프선순환 등을 개선해 건강이 좋아진다는 내용이었다. 그런데 정말 왼쪽으로 자는 것이 건강에 좋을까?

　　수면자세는 똑바로 누운 자세, 엎드린 자세, 오른쪽으로 누운 자세, 심장이 있는 왼쪽으로 누운 자세, 이렇게 4가지로 구분할 수 있다. 보통 오랜 습관과 신체적 특징 등으로 고착화 된 경우가 많다. 우리나라의 목, 척추질환 전문병원에서 조사한 바에 의하면 옆으로 자는 사람이 58%로 절반 이상을 차지한다고 한다.

　　결론적으로 말하면 왼쪽으로 자는 자세가 역류성 식도염 환자에게는 도움이 된다. 속 쓰림 증상이 완화되기 때문이다. 음식을 소화하는 위가 왼쪽으로 나와 있어 위 안에 있는 음식물이 왼쪽으로 내려가기 때문에 수면 중 내용물이 식도로 역류할 위험이 줄어든다. 이때 좀 더 효과를 보려면 어깨 높이로 인해 경추가 아래로 내려가지 않도록 측면이 높은 베개를 사용하는 것이 좋다.

호흡이 일시적으로 멈추는 수면무호흡증 환자는 왼쪽이든 오른쪽이든 상관없이 옆으로 누워 자는 자세가 도움이 된다. 정자세로 자면 중력으로 인해 목젖이 뒤로 넘어가기 때문에 기도를 좁게 만들어 숙면을 방해한다. 그런데 옆으로 누워서 자면 목젖이 옆으로 가면서 자연스럽게 기도를 열어준다. 수면전문의는 수면무호흡증 환자의 90%가 자는 자세만 바꿔도 증상이 나아질 수 있다고 한다. 수면무호흡은 심혈관 질환, 뇌혈관 질환 및 신경손상 그리고 이로 인한 뇌기능장애까지 일으킬 수 있는 만큼 각별히 관리가 필요하다. 따라서 필자는 옆으로 자는 수면자세를 권한다. 임산부도 어느 방향이든 옆으로 눕는 것이 좋다. 정자세로 똑바로 자면 허리에 부담을 준다. 뿐만 아니라 내장이 눌려 호흡이 가빠지고 가슴이 떨리는 증상이 나타날 수 있다. 그러나 옆으로 누우면 자궁이 대동맥을 압박하지 않아 혈액순환이 원활해진다. 또한 다리의 신경이 지나가는 척추관이 좁아져 생기는 척추관협착증 환자도 옆으로 자면 통증완화에 도움을 받을 수 있다. 허리를 약간 구부리고 옆으로 누운 자세가 척추관을 넓어지게 하기 때문이다.

우리 몸에는 3대 체액이 흐른다. 바로 혈액, 림프액, 뇌척수액이다. 혈액은 영양공급을 맡고 있고, 림프액은 노폐물을 운반한다. 낯선 용어인 뇌척수액은 외부 자극으로부터 뇌와 척수를 보호하고 뇌 속을 순환하며 영양을 공급하는 일을 한다. 몸은 좌우대칭을 이루고 있기 때문에 단지 수면자세를 바꾼다고 해서 이 흐름에 영향을 주지는 않는다. 어느 방향으로 잠을 자든 체액은 정상적으로 순환되며 왼쪽으로 잔다고 해서 체액순환이 원활해지는 것이 아니다. 따라서 왼쪽으로 자면 혈액순환이 잘된다는 주장은 과학적 근거가 부족하다. 심장은 혈액을 한 방향으로 밀어내는 힘을 가지고 있기 때문에 수면방향이 바뀐다고 해도 혈액순환과는 아무 관련이 없다. 또한 왼쪽으로 자면 순환이 잘되어 알츠하이머병을 유발하는 베타아밀로이드 beta-amyloid, 단백질에 의해 신경세포가 손상되어 발생하는 뇌질환가 없어진다는 주장도 맞지 않다.

그렇다면 어떤 수면자세가 가장 좋을까? 천장을 보고 똑바로 누운 수면자세는 체중을 분산시켜 척추정렬을 바르게 만들어 준다. 뿐만 아니라 디스크 압력을 최소화하고 근육을 이완시켜 피로회복에 매우 효과적이다. 이때 무릎 밑에 베개를 받치면 중력과 압력이 분산되어 효과가 배가된다. 반면 엎드려서 오래 자면 목과 어깨근육에 긴장을 유발한다. 엉덩이와 등뼈가 위로 향하면서 허리에 무리를 주게 된다. 목 인대가 경직되고 허리, 목, 어깨통증이 동시에 발생할

85

수 있다. 가능한 한 오랫동안 엎드려 자지 않도록 해야 한다. 배가 아플 때 잠깐씩 엎드려 안정을 취하는 거야 문제될 것 없지만 말이다.

　　앞으로 왼쪽으로 자야겠다면서 톡으로 글을 전해주는 친구에게 필자는 '한쪽으로 치우쳐 오래 자면 저려서 못 쓴다.'고 농담 섞인 답을 했다. 대부분의 사람들은 똑바로 누워 정자세로 자기 시작하지만 자면서 자기도 모르게 왼쪽이나 오른쪽, 때로는 엎드려서 잔다. 자다가 한 자세가 불편하면 몸을 움직여 다른 자세를 취하는 것이다. 그 순간 몸의 장기가 움직이면서 시원함을 느낄 수 있다.

　　한편 아무리 좋은 자세로 자더라도 한쪽으로 계속 누워있으면 피부와 닿는 부분이 자연스럽게 더워진다. 뿐만 아니라 체압이 한쪽으로 쏠려 혈액순환이 안 되면서 절임 현상이 나타나게 된다. 그러므로 몸이 알아서 자연스럽게 자세를 바꾸도록 두는 게 가장 건강에 좋은 수면자세다. 살아있는 모든 것은 계속해서 움직이는 게 순리이기 때문이다.

알몸으로
자는 게 좋을까?

왼쪽으로 자는 것이 건강에 좋다는 말과 더불어 많이 떠돌아다닌 흥미로운 내용이 있다. 바로 알몸으로 자면 숙면에 좋다는 포스팅이었다. 화제를 모은 포스팅이었는데 그럼 속옷을 입지 말라는 거냐는 둥 생리 중에는 어쩌라는 거냐는 둥 수많은 네티즌들의 댓글이 달렸었다.

결론부터 말하자면 체온을 떨어뜨리는 것이 수면의 질을 더 좋게 만든다. 따라서 피곤을 풀기 위해 뜨거운 물로 목욕을 할 때는 잠자기 1~2시간 전에 하는 게 좋다. 올라간 심부체온이 서서히 떨어지면서 잠이 들기 좋은 체온이 되기 때문이다. 반대로 잠들기 직전이라면 체온이 급격히 오르지 않도록 너무 뜨거운 물로 샤워를 하지 않는 것이 좋다.

알몸으로 잠을 자는 것이 수면과 건강에 좋다고 주장하는 사람들은 다음의 몇 가지 이유를 든다. 넉넉한 잠옷을 걸치고 자는 경우 옷이 제 멋대로 몸에 감기거나 말려 올라가서 자는 동안 몸을 움직이기 불편하게 만든다는 것이다. 또 속옷을 벗고 자면 속옷 밴드가 허리와 골반을 조이는 현상이 없어 혈액순환이 방해를 받지 않는다고 주장한다. 몸에 붙는 속옷을 입고 자면 여성이나 남성 모두 자율신경의 균형이 깨질 수 있으니 벗고 자는 게 좋다는 것이다.

알몸 수면은 체온조절에 도움을 주는 게 맞다. 체내에 남은 열을 밖으로 보내기 쉬워지기 때문이다. 신경과학 전문가인 옥스퍼드대학 러셀 포스터 교수는 옷을 최소로 입고 자거나 입지 않고 자면 체온조절이 잘 되고 숙면을 취할 수 있다는 연구결과를 발표했다. 그러나 알몸 수면은 무턱대고 따라 하기에는 무리가 있다. 예를 들어 자면서 땀을 많이 흘리는 사람의 경우 지나치게 체온이 떨어져 저체온증에 빠질 수 있으니 주의해야 한다. 그러므로 통기성이 좋은 속옷이나 잠옷을 입어 숙면 중 체온관리를 해주는 게 좋다. 또한 자는 동안 다리가 저리는 등의 하지불안증후군 증세가 있는 경우에도 몸이 따뜻하도록 잠옷을 입는 게 증상 완화에 도움이 된다.

그렇다고 해도 옷을 여러 겹 껴입거나 두껍고 무거운 잠옷은 피하는 게 좋다. 수면 중 몸의 움직임에 방해를 주고 통기성이 나빠 땀이 차기 때문이다. 따뜻한 이불에 폭 파묻힌 포근한 상태가 잠이 잘 올 것 같지만, 체온과 이불 속 온도가 너무 높아지면 오히려 깊은 수면을 방해한다. 잠을 잘 때는 숙면을 도울 수 있는 전용 옷을 마련해 입자. 흡수성, 통기성, 경량성 등을 고려한 쾌적한 잠옷을 마련해 입고 자주 세탁하는 게 좋다. 신축성이 있는 몸을 조이는 잠옷은 피하는 게 좋다. 잠을 자는 동안에는 천천히 움직이는 혈액의 순환을 방해할 수 있기 때문이다. 정리하면 잠을 잘 때는 움직임에 방해가 없으면서 가볍고 몸에 너무 붙지 않는 수면전용 옷을 입고 자는 게 좋다.

혼자 잠을 자는 일명 '혼잠족'이 알몸 수면을 한다면 수면 중 체온관리에 더 신경을 써야 한다. 부부는 알몸으로 자더라도 두 사람의 체온이 더해져 36.5도+36.5 이불 속 온도가 상대적으로 높게 나타난다. 뿐만 아니라 스킨십으로 체온이 금세 상승한다. 또한 사랑을 나눈 후에는 체온이 서서히 떨어지면서 스르륵 깊은 잠에 빠져들게 된다. 따라서 함께 잠을 자는 부부는 알몸 수면을 하더라도 저체온증에 노출될 위험이 혼자 잠을 자는 혼잠족에 비해 훨씬 적다.

알몸 수면에서 놓치지 말아야 할 전제가 있다. 바로 적절한 실내온도다. 프랑스의 한 수면연구가가 알몸으로 자는 것을 좋아하는 사람들에게 자는 동안의 적절한 실내온도를 물었는데 30~32도로 나타났다. 이는 생각보다 매우 높은 수치였다. 사실 쾌적한 수면 환경을 만들기 위해서는 실내온도뿐 아니라 습도, 소리, 빛 등의 환경적 요인들도 신경을 써야 한다. 이러한 요인들 중 실내온도와 습도가 수면에 미치는 영향이 가장 크다. 누구나 경험했듯이 한여름 열대야에서는 쉽게 잠이 들기 힘들고 잠이 들더라도 깊은 잠을 자기 어려워 수면의 질이 떨어지게 된다. 한편 계절에 따라 쾌적하다고 느끼는 실내온도가 달라지는데, 겨울에는 17~18도, 여름에는 25도를 쾌적하다고 느끼고 28도를 넘어서면 덥다고 느낀다. 그런데 일상생활 중에는 계절에 따라 쾌적하다고 느끼는 실내온도가 달라지지만, 신기하게도 잠이 들기에 가장 좋은 온도는 1년 내내 일정하다. 즉 사람들이 잠이 들기에 쾌적하다고 느끼는 환경은 실내온도 33도, 습도 50%로 따뜻하고 건조한 상태인 것으로 조사됐다. 주의할 점은 프랑스의 이 연구결과는 알몸으로 자기에 가장 적절한 실내온도를 가리키는 것이다. 실내온도가 잠을 자기에 너무 높으면 몸이 더워져 뒤척이게 만들고, 반대로 실내온도가 너무 낮으면 몸을 떨게 해 감기에 걸리는 등 전반적인 몸의 상태를 망가뜨린다. 둘 다 결국 깊은 수면단계로 들어가지 못하게 방해하는 요소가 된다. 참고로 필자는 자신이 잠들기에 가장 편안하게 느끼는 온도를 알아두기를 권한다. 수면습관을 바꾸는 데는 생각보다 오랜 시간이 필요하기 때문에 그냥 실내온도를 자신에게 맞추는 것도 한 방법이다.

8

|

뜨끈한 바닥이
숙면에 좋다?

어렸을 때 시골에 가면 장작불로 데워 따뜻하다 못해 뜨거운 온돌방에서 잠을 잤다. 밤에 타다가 남은 불을 아침에 살려 밥도 하고 소여물도 쑤어야 했고, 추운 겨울 밤, 밤새 온돌에 온기가 남아있게 하기 위해서는 온돌을 한껏 뜨겁게 달궈야 했다. 한편 도시에서는 보일러가 보급되기 전에 연탄불로 방을 따뜻하게 만들었다. 행여나 연탄불을 꺼뜨리는 날에는 온 가족이 추위에 오들오들 떨어야 했다. 필자의 어머니는 밤에 연탄을 갈고는 공기구멍을 약간만 열어놓았다. 오랫동안 불이 남아있게 하기 위해서였다. 아침에 연탄을 한 번 갈고 오후에 다시 한 번 갈고, 보통 하루 3번씩 새 연탄으로 바꾸셨던 기억이 난다. 어쨌든 예전에는 이렇게 방의 실내온도가 오르락내리락 했다. 오늘날 많은 외국인들이 우리의 온돌 문화를 부러워한다고 들었다. 온돌은 몸으로 열을 직접 전해주기 때문에 벽

난로로 공기를 덥히는 외국의 방식에 비하면 훨씬 따뜻하게 잠을 잘 수 있다. 뿐만 아니라 공기 대류로 방 전체를 훈훈하게 만드는 기능도 우수하다.

수면에 리듬이 있듯이 체온에도 리듬이 있다. 우리 몸은 깊은 잠에 빠진 새벽에 체온이 최저로 떨어지고, 하루를 시작하기 위해 아침에는 체온을 올리기 시작한다. 그러다가 본격적으로 활동하는 낮 시간대를 지나 오후 늦은 시간대에 체온은 최고점에 달한다. 그리고 밤부터 서서히 체온이 내려가면서 잠이 든다. 이것이 정상적이고 자연스런 체온 리듬이다. 생체시계와 맞물려 체온이 리듬을 타는 것이다.

한 마디로 정리하면 체온이 떨어져야 잠이 든다. 알기 쉬운 예를 들어보자. 등반 중 조난사고를 당할 경우 대개는 저체온증으로 죽음에 이른다. 추운 날씨로 인해 체온이 떨어지면 잠이 오게 마련이다. 졸면 죽는다는 사실을 알지만 쏟아지는 잠을 참기 힘들다.

학창시절 체육시간을 생각해 보자. 햇빛을 맞으며 운동장을 뛰어다니면 기분 전환이 된다. 교실에만 있다가 밖으로 나올 수 있는 체육시간은 즐거웠다. 그런데 체육시간 다음 수업시간은 영락없이 졸음과 사투를 벌여야 했다. 체온이 떨어지면서 잠이 몰려오기 때문이다. 이 말은 반대로 체온이 높으면 잠이 오지 않는다는 얘기다. 체온이 높다는 것은 몸의 혈액순환이 활발하게 이루어지고 있다는 뜻이다. 일반적으로 몸을 움직이거나 열량이 높거나 따뜻한 음식을 섭취할 때 체온이 올라간다. 그렇기 때문에 잠 들기 전 열량이 높은 음식을 섭취하거나 과하게 운동을 하는 것은 숙면에 좋지 않다.

온돌이 좋다고 해서 온도를 올리는 매트나 매트리스 같은 제품을 무작정 사용하는 것도 좋지 않다. 시중에서 쉽게 볼 수 있는 온열제품들을 사용할 때는 주의를 기울여야 한다. 체온이 36.5도를 유지하기 어렵게 만들고 나아가 체온을 올릴 수 있기 때문이다. 잠자리가 따뜻해야 잠이 온다면 켜고 자더라도 저절로 꺼졌다가 새벽에 다시 켜지는 타이머를 작동하는 게 좋다. 그렇지 않다면 온도를 최대한 낮춰 놓는 게 숙면에 도움이 된다. 그래도 몸에서 발산하는 열을 이불로 덮고 있기 때문에 체온 보호에는 이상이 없다.

뜨끈한 데서 자면서 몸을 지져야 개운하다고 믿고 있는 분들이 있는데, 이는 사실 뇌에 각인된 기분만 그렇게 느끼는 것이다. 실제 수면의 질과 건강을 체크해 보면 대개는 기분과는 동떨어진 데이터가 나온다. 당사자들은 그로 인해 자신이 저체온이나 만성두통 등으로 피곤한 생활을 하고 있다는 사실을 모른다. 안타까운 것은 이 사실을 모른 채 잘못된 잠자리 습관을 고수하고 있다는 것이다.

체온이 급격히 떨어진 상황에서는 외부의 열로 체온을 신속히 올려야 한다. 자칫 생명을 잃을 수 있는 응급상황을 면하기 위해서다. 하지만 평상시에 외부 가열로 체온을 올리는 환경에 익숙해 있다면 몸이 갖고 있는 자율기능의 퇴화를 불러온다. 추우면 움츠리고 더우면 땀을 배출하면서 몸이 체온을 보호하는 기능을 수행하지 못하게 만드는 것이다.

　필자도 수면강의 도중 이와 비슷한 상황을 겪고 있는 분의 질문을 받은 적이 있다. 매일 사우나를 즐기고, 온열매트를 사용하는 분이었다. 좋다는 온열기구는 다 사용하는데 체온이 34~35도로 저체온이라는 것이다. 그러면서 왜 그런지 물어왔다. 그래서 외부 가열에 익숙해진 몸이 자체 발열기능을 제대로 작동하지 않는 현상이라고 대답해 드렸다. 필자의 대답을 들은 그 분은 놀라고 걱정스런 표정을 감추지 못했다. 아무리 좋은 것도 지나치면 화를 부르는 법이다.

　체온의 리듬을 고려한 기능이 없는 외부 가열은 문제가 있다. 외부 가열은 질 좋은 수면, 깊은 수면을 방해하고 다음날 몸이 피곤한 상태로 아침을 맞게 한다. 우리가 잠을 자는 동안 혈액은 천천히 몸 구석구석을 돌면서 쉬는 시간을 갖는다. 그러므로 잠을 잘 때는 몸이 쉴 수 있도록 지나친 외부 가열을 하지 말고 자연스러운 몸의 리듬이 지켜지게 하는 것이 좋다. 생체시계와 체온의 리듬이 맞물려 지켜지는 밸런스가 건강을 지킨다는 사실을 명심하라.

9

스프링? 라텍스? 메모리폼?
어떤 매트리스가 좋을까?

편안한 잠자리에 필요한 3가지 필수 도구라면 베개, 매트리스, 이불이라고 할 수 있다. 이중 매트리스는 인류가 직립보행과 동시에 바닥에 누워 잠을 자기 시작하면서 사용하게 된 수면 도구다. 당시 인류는 주변에서 쉽게 구할 수 있는 재료들을 이용해 매트리스를 만들었을 것이다. 석기시대에는 조금이라도 부드러운 잠자리에서 자기 위해 땅에 동물의 가죽을 깔거나 식물, 건초 등을 깔고 잠을 잤다. 일종의 매트리스였다. 그러다가 BC 3400년, 이집트인들이 다리가 있는 흑단나무 침대를 만들어 사용하면서 바닥에서 떨어져 잠을 자기 시작했으며, BC 27년에 로마인들은 건초, 양모, 새의 깃털 등을 이용한 초기형태의 매트리스를 만들어 사용하기 시작했다.

18세기 중엽 영국에서 시작된 산업혁명은 매트리스 제작에도 기술혁신을 가져왔다. 1865년 사무엘 키틀Samuel P. Kittle이 코일 스프링 매트리스를 개발해 특허를 받았고, 이후 1879년에 에디슨이 전구를 발명하면서 수면부족 현상을 경험한 사람들은 1926년에 동남아에서 주로 생산되는 고무를 이용한 라텍스 매트리스를 개발하여 상용화했다.

폼매트리스의 주류를 이루는 메모리폼 매트리스는 1990년에 미항공우주국NASA에서 사용한 저반발 소재를 바탕으로 개발된 것이다. 이후 활발한 수면연구로 얕은 잠인 렘REM수면이 발견되었고, 소재 기술도 발달하면서 여러 새로운 형태의 매트리스들이 시장에 출시되었다. 이렇듯 인류는 동굴생활을 할 때부터 지금까지 끊임없이 더 좋은 잠자리를 위해 노력해왔다. 최근 들어 기술의 발전으로 인한 신소재개발과 활발한 수면연구가 접목되면서 매트리스는 진화를 거듭하고 있다.

매트리스 생산업체들은 제각기 자기 회사의 매트리스가 수면에 좋다고 광고한다. 쏟아지는 광고들 속에서 소비자들도 고민이 많다. 침대는 고가인데다 한번 구매하면 10년 이상은 사용하기에 신중하게 고르지 않을 수 없다. 그럼 어떤 매트리스가 좋은 것일까? 과연 모두를 만족시키는 매트리스가 있을까? 매트리스를 바꾸면 수면의 질이 정말 나아질까? 나에게 맞는 매트리스는 어떤 것일까?

가장 편안한 매트리스에 관한 연구는 오래전부터 있어왔다.

1950년대에 미국에서 매트리스의 경도_{단단함}와 수면의 관계를 연구하기 위해 세 종류의 매트리스, 즉 단단한 것, 부드러운 것, 그리고 중간 것에서 잠을 자게 한 후 만족도를 비교하는 연구실험이 있었다. 결과는 실험자가 집에서 사용하는 매트리스와 유사한 것에 만족도가 높게 나타났다.

　　50년이 지난 후 독일의 한 병원에서 최상의 매트리스를 찾는 프로젝트가 있었다. 환자에게 최상의 안락함을 제공하는 침대의 단단함 정도를 알아내 최적의 매트리스를 만들기 위해서였다. 결과는 누구에게나 잘 맞고, 누구나 선호하는 보편적인 최적의 매트리스는 존재하지 않았다. 연구자는 '사람은 각자 나름의 수면패턴을 발전시키는 것으로 보인다.'라며 맥 빠진 결과를 실망한 듯 발표했다. 1950년대에 미국에서 있었던 연구결과와 동일하게 사람들은 평소 자신이 사용하던 매트리스와 가까운, 익숙한 것을 선호했다. 반면 일본에서 운동선수를 대상으로 실험한 결과는 체중이 무거운 사람은 단단한 매트리스를 선호했고, 체중이 덜 나가는 사람은 부드러운 매트리스를 선호하는 것으로 나타났다. 뿐만 아니라 정상급 선수일수록 잠에 대한 관심과 의식이 높았고, 수면환경에 대한 확고한 취향을 갖고 있었다.

　　편안한 매트리스의 기준을 단순히 경도_{단단함}만으로 측정하는 것은 무리가 있어 보인다. 또한 매트리스의 경도와 수면의 질은 그다지 관계가 없어 보인다. 누구에게는 편안한 매트리스가 다른 사람에게는 불편한 매트리스일 수도 있다는 말이다. 매트리스의 경도보다는 매트리스를 사용하는 공간, 즉 침실의 환경이 수면의 질에 더 큰 영향을 미치는 것으로 보인다. 온도, 습도, 빛, 소음 등을 모두 고려한 수면환경을 만들어야 한다.

더불어 생활습관이 수면의 질을 크게 좌우한다. 카페인 분해능력이 떨어지는데 저녁에 커피를 마시면 당연히 숙면에 좋지 않다. 잠들기 전 술을 마시는 것도 수면을 방해한다. 잠이 빨리 올 수는 있지만 몸이 알코올을 분해하면서 새벽에 깨는 횟수를 늘린다. 혈중 알코올 농도가 제로가 될 때까지 깊은 잠에 훼방을 놓는다. 이처럼 좋지 않은 생활습관으로 인한 불면증을 매트리스 탓으로 돌리면 답이 없다.

한편, 나에게 맞는 매트리스를 선정하는 기준 중 하나는 잠자는 동안의 체온 관리이다. 잠이 드는 데는 멜라토닌이라는 수면 호르몬이 필요하다. 이 호르몬이 나오면 뇌파가 잠의 시작을 알리고 생물학적으로는 체온이 떨어진다. 체온을 떨어뜨리기 위해 몸은 열을 방출하는데, 손과 발을 통해 열이 방출되면서 손과 발의 온도는 올라간다. 동양의학에서 말하는 두한족열頭寒足熱, 즉 머리는 시원하고 발은 따듯해야 잠이 잘 오고 건강하다는 말은 과학적 사실임이 밝혀진 것이다.

잠을 자면서 이불 밖으로 발을 내미는 현상은 우리 몸이 방출하는 열이 빠져나가지 못할 때 나타난다. 매트리스의 소재가 몸에서 방출하는 열을 붙드는 것이다. 이렇게 되면 체온이 내려가지 못하게 막음으로써 매트리스가 찜통처럼 느껴질 수 있다. 이렇게 몸이 더워지면 자주 뒤척이게 되고 이는 숙면을 방해하는 요소가 된다.

불면증 환자들은 보통 잠이 드는 시점에 다른 사람들에 비해 체온이 높은 경우가 많다. 그러므로 이때 잠자리 도구 중 몸에 밀착되어 있으면서 몸 전체를 떠받치고 있는 매트리스가 자신의 체온을 낮추는 데 도움이 되는 매트리스인지를 점검해 봐야 한다. 다시 말해 내 몸의 체온리듬을 보호하는 매트리스인지 아닌지가 매트리스 선택의 기준이 되어야 한다. 수면의 질을 높이는 핵심적인 방법은 내 몸의 자연스러운 리듬을 살리는 것임을 잊지 말자.

밤에는 사람의 기운이 오장으로 들어가
장기를 튼튼하게 만든다.

― 황제내경

10

|

고가의 구스다운,
극세사 이불이 숙면에 좋다?

이불하면 떠오르는 장면이 있는가? 필자는 아랫목 이불 속에 있던 밥그릇이 그려진다. 난방이라곤 연탄불이 전부였던 어린 시절, 어머니는 추운 날 일하고 늦게 들어오시는 아버지에게 따끈한 밥을 드리기 위해 아랫목에 밥그릇을 놓고 이불을 덮어놓으셨다. 행여나 장난을 치다가 밥그릇을 엎어버릴까봐 조심하라고 말씀하시던 어머니의 모습이 생각난다. 그 시절 이불은 최소한의 난방에도 따뜻하게 잠을 잘 수 있도록 도와주고, 방금 한 밥의 온기를 지켜주던 고마운 도구였다. 이불은 수면 중 체온 보호를 위해 없어서는 안 될 수면도구다. 인간은 체온리듬을 갖고 있으면서 동시에 일정 체온을 유지하는 메커니즘이 작동한다. 날씨가 더우면 땀을 흘리고, 추우면 몸을 떨면서 움츠리는 것은 이 때문이다. 체온이 떨어져야 잠을 자는 것이 사실이지만, 지나치게 체온이 떨어지면 감기에 걸리는 등 질병에 노출된다. 심하면 저체온증으로 생명을 잃기도 한다. 이것이 수면 중에 체온을 보호하기 위해 이불을 덮고 자는 이유다.

전통적으로 이불의 충전재로 쓰였던 우모羽毛, feather는 조류의 몸 표면을 덮고 있는 털이다. 14세기경부터 북유럽에서 사용했다는 기록이 있다. 16세기, 르네상스 전후로 영국에서는 백조 털을 이용한 침구를 사용했다고 전해진다. 조류의 고기는 식용으로, 털은 이불, 옷, 방석 등 여러 용도로 쓰였다. 19세기에 독일에서 우모를 분류하는 기계가 개발되어 우모의 제진, 세척, 탈수, 건조, 냉각, 선별, 혼합, 포장하는 공정이 개선되면서 생산성이 크게 향상되었다.

이후 폴란드, 헝가리, 체코, 시베리아 등지에서 우모를 수집하였고 유럽 각지에서 가공 공장과 침구 브랜드들이 생기기 시작했으며 생산이 늘어났다. 그런 이유에서인지 지금도 폴란드, 헝가리 구스다운이 유명하다. 덕다운오리털 이불이 등장하는 안데르센 동화 "공주와 완두콩"이 쓰인 시기와 맞물린다. 당시 우모 제품을 이용한 사람들은 주로 귀족층이었다. 가격이 매우 비쌌기 때문에 대중화되기까지 오랜 시간이 걸렸다.

우리나라에서는 우모 이불로 거위털 이불구스다운을 대표적으로 꼽는다. 가을에 접어들면 구스다운 이불 광고를 자주 보게 된다. 함량과 원산지, 브랜드에 따라 가격이 천차만별이다.

필자가 독일에서 선물 받은 구스다운 이불을 사용한 소감은 가볍지만 솔직히 너무 더웠다. 아주 추운 겨울에는 따뜻하고 좋았지만, 꼼꼼한 봉재에도 불구하고 털이 빠졌고 방안에 털이 날아다녔다. 그래서 그런지 가끔씩 재채기가 나오곤 했다. 세탁 횟수가 늘어남에 따라 털 빠짐 현상도 늘었다. 털 빠짐을 줄이기 위해 원단 표면에 얇은 막을 씌우는 프루프 가공을 한 원단은 움직일 때 삭삭거리는 소리가 나서 귀에 거슬렸다. 무엇보다 공기가 통하지 않아 무척 더웠다.

최근에는 초극세사 원단으로 이불을 만들어 털 빠짐이 없다고 광고를 하지만 그래도 미세한 털은 빠진다. 또한 보온성이 높은 구스다운 이불이든 통기성이 안 좋은 초극세사 원단으로 만든 이불이든 이불 속 온도를 계속해서 상승시킨다는 공통적인 문제점을 안고 있다. 몸에서 나오는 체온과 한 컵 정도의 땀이 밖으로 배출되지 못해 이불 속 온도가 상승하고 침구가 축축해지며 땀이 찬다.

한편, 적당한 무게감이 있는 이불이 심리적 안정과 숙면에 좋다는 실험 연구결과가 있다. 물론 이것은 개인차가 있다. 가벼운 이불일 때 잠을 설치는 사람이 있는 반면 무거운 이불이 답답하다는 사람도 있다. 이는 개인별로 선호하는 취향이 다르기 때문에 자기에게 맞는 이불을 덮고 자는 게 좋다.

본론으로 돌아가, 겨울철 난방이 잘 안 되는 환경이라면 구스다운 이불이 좋을 것이다. 체온을 보호하고 한기를 막아주기 때문이다. 이불에 사용할 마땅한 소재가 없던 시대에는 조류 및 양이나 낙

타 같은 동물의 털은 최적의 소재였을 것이다. 그러나 기술의 발달로 신소재들이 속속 등장하고 있다. 자연친화적인 기술을 사용하면서 기능성도 배가된 제품이 고객들의 관심을 끌며 시장을 선도하고 있다. 또 옛날에 비해 난방 시설 역시 너무 좋다. 그러니 전통적으로 좋다는 고가의 구스다운 이불만 고집할 게 아니라 내 몸에 맞는 이불인지, 어떤 소재로 만든 이불인지를 꼼꼼히 따져볼 일이다. 즉 보온성, 통기성, 무게감 등을 전체적으로 고려하여 자신에게 맞는 이불을 선택하는 것이 숙면에 도움이 된다 하겠다.

필자가 수면강의를 할 때 이불과 진드기의 관계에 대한 질문도 심심찮게 듣는다. 여기에 간단하게 그 해답을 알려주는 게 좋을 것 같다. 언제부턴가 진드기가 이불을 선택하는 데 중요한 이슈가 되었다. 아마도 광고의 영향 때문인 것 같다. 이불 속에 진드기가 살지 않아 숙면과 알레르기, 아토피에 좋다는 식이다. 인류는 아주 오래 전부터 집먼지 진드기와 함께 생활해 왔다. 현대는 옛날에 비해 진드기가 쉽게 서식하지 못하는 좋은 주거환경에서 살고 있다.

진드기로 숙면을 취하지 못한다는 근거는 어디서 나왔을까? 공기 중에 떠돌다가 호흡기로 들어오면 천식을 초래하기 때문일까? 알레르기와 아토피의 발생 원인은 다양하다. 주로 환경과 식생활 등의 영향으로 자가치료 면역력이 약한 사람에게 나타나는 것으로 알려졌는데, 선천적인 체질의 영향도 있을 것이다.

집먼지 진드기는 거미강 거미. 응애. 진드기 등에 속하며, 크기가 0.1mm~0.3mm로 아주 작다. 뼈가 없고 몸의 70~80%가 수분이며, 공기 중의 수분을 피부를 통해 흡수한다. 인체에서 떨어진 각질, 비듬, 식물섬유, 집안 먼지, 곰팡이 포자 등을 먹는다. 하지만 물거나 침으로 찌르지 않고 질병을 퍼뜨리지 않아 그 자체는 해가 없다. 다만 배설물과 사체 잔해에 포함된 성분이 사람 피부에 닿거나 호흡기로 들어가면 알레르기 증상과 피부염을 일으킨다. 그렇다고 모두에게 해당되는 말은 아니다. 집먼지 진드기에 알레르기 반응이 있는 경우만 해당된다. 이비인후과에서 자신이 이에 해당되는지를 간단하게 확인할 수 있다.

집 안에 있는 진드기는 철저히 쓸고 닦는다고 해결되지 않는다. 실내온도와 습도에 따라 결정되기 때문이다. 55% 이상의 습도와 25~30도의 온도, 즉 고온다습한 환경에서 왕성하게 번식한다. 그러므로 집안의 온도를 25도 이하로 유지하거나 55도 이상의 뜨거운 물로 옷이나 침구를 세탁하면 완전히 없애지는 못해도 수를 줄이는데 효과적이다. 또 집먼지 진드기는 충격에 약하다. 이불을 두들기면 많은 진드기가 내장파열로 죽는다. 열에 약하므로 밖에서 이불을 햇빛에 말리고 걷을 때 두들겨 털어주면 개체수를 줄일 수 있다. 어렸을 때 담벼락이나 빨랫줄에 이불을 널고 가늘고 긴 막대기로 두드리셨던 어머니의 모습이 기억난다. 가급적 섬유로 만든 인형은 매트리스위에 두지 않는 게 좋다. 진드기는 매트리스에 누웠다 일어났다 할 때 그 움직임에 의해 공기 중으로 날아가 먼지에 붙어 집안을 돌아다닌다. 공중에 떠 있다가 커튼이나 벽지, 다시 매트리스 등 곳곳으로 내려앉는다.

초극세사 침구는 진드기가 이불 속으로 침투하는 것을 막아 위생적이라고 한다. 필자는 이점에 의구심이 든다. 이불로 들어가지 못한 진드기는 도대체 어디로 간단 말인가? 침실 도처에 머물게 되지 않을까? 침대를 비롯한 바닥, 침실 벽 등 곳곳을 철저하게 청소하지 않으면 개체수가 늘어날 수밖에 없을 것이다. 초극세사 이불은 가느다란 실을 이용해 고밀도로 짜기 때문에 촉감은 좋지만, 촘촘한 조직으로 인해 공기순환이 잘 되지 않는다. 이 때문에 더워지면 진드기가 번식하기에 더 좋은 환경이 된다.

'SBS 생생 리포트'에서 진드기와 세균까지 잡아준다는 이불 전용청소기를 가지고 직접 실험한 내용이 방송된 적이 있다. 자외선 램프와 진공흡입으로 진드기를 99% 잡는다는 광고를 검증하기 위해서다. 하지만 결과는 실망스러웠다. 확대카메라를 갖다 대니 여전히 진드기가 남아있었다. 전문가는 침구 청소기에만 의존하지 말고 뜨거운 물에 자주 세탁하는 것이 진드기를 없애는 최선의 방법이라고 조언했다.

진드기 때문에 잠을 못 잤다는 얘기는 아직 들어보지 못했다.

완전히 없앨 수도 없는 진드기라면 수면환경을 깨끗이 청소하는 것
만으로도 충분할 것 같다. 굳이 이불을 선택할 때 진드기까지 고려하
지 않아도 될 듯 싶다. 그보다는 앞서 얘기한 핵심들을 체크하라.

나는 잠을 사랑한다.
깨어있을 때 내 삶은 나 자신과 멀어지는 경향이 있다.
– 헤밍웨이

11

|

침대는
과학이다?

　　인간이 다른 동물과 다르게 직립보행을 시작하면서 보다 편안한 잠자리에 대한 갈망이 커졌다. 두 발로 걷고 뛰면서 중력을 몸으로 크게 받게 되었고, 그전보다 피곤한 몸으로 저녁을 맞게 되었다. 사냥을 하고 돌아와 휴식을 위해 앉고 눕는 자리는 편해야 했다. 당시 인류는 쉽게 구할 수 있는 지푸라기, 동물의 털 등을 모아서 잠자리의 바닥을 좀 더 편안하게 만들었을 것이다. 그러다가 바닥에서 떨어져 편안하게 몸을 누일 수 있는 침대가 생겨났다. 중세에는 침대가 잠을 자는 곳이기도 했지만, 거실에 두어 자신의 신분과 권력을 상징하는 화려한 장식용 가구로도 활용되었다. 침대는 귀금속으로 장식되어 호화로운 분위기를 연출했다. 바닥에는 카펫을 깔고 침대의 기둥에는 커튼을 달았다. 낮에는 소파로, 밤에는 커튼을 닫아 잠자리로 사용했다. 하지만 이것은 일부 귀족층에서나 누렸던

잠 오답
노트

호사로 일반 서민하고는 거리가 먼 잠자리였다.

우리나라에 침대가 전해진 것은 대한제국 때였다. 고종황제가 러시아에서 들여온 침대를 사용했다고 한다. 우리나라도 침대의 역사가 100년이 넘은 것이다. 부를 상징하며 일부 귀족층만 사용했던 침대가 19세기 후반 스프링 침대가 개발되면서 매트리스와 함께 대중화되었다. 그러면서 침대의 실용적인 면이 강화되었다.

'침대는 가구가 아닙니다. 침대는 과학입니다.' 이 광고 하나로 우리나라의 한 침대회사는 엄청난 매출 신장을 이뤘다. 이 카피는 우리나라 사람이라면 누구나 알 정도로 히트를 쳤다. 당시 사람들은 '과학'이란 단어에 매료된 것 같다. '지금 같이 인문학과 인터넷이 공존하는 시대에도 이런 광고가 먹혔을까?' 하고 자문해 본다. 과학이란 단어에는 차가움, 엄정함, 규율, 원리, 원칙, 정형화 등의 이미지가 떠오른다. 즉 산업발전, 신도시 건설 등으로 분주했던 90년대에 먹혔던 광고인 것이다. 반면 요즘에는 자아, 사랑, 따뜻함, 배려, 쉼, 재충전, 치유, 혜택 등이 인간중심의 4차 산업혁명 시대에 맞는 키워드가 아닐까 싶다. 인간과 연결되는 기술이 세상을 바꾸는 시대다.

현대인에게 침대는 어떤 의미일까? 부부에게는 사랑을 나누는 공간이자 함께 얘기하고 꿈꾸는 공간이며, 새 생명을 잉태하는 위대한 공간이다. 병실에 있는 환자에게 침대는 어떤 의미일까? 수술 후 회복시기에 밥을 먹고 책을 읽거나 TV를 보는 등 실로 다양한 일을 할 수 있는 공간이고, 퇴원 이후의 삶을 그려보는 희망의 공간이자 수술 결과를 기다리는 초조한 공간이며 한편으로는 죽음을 맞이하는 공간이 되기도 한다.

필자는 수면강의를 할 때 '잠이 오지 않으면 누워있지 말고 침대를 박차고 일어나라'는 말을 자주 한다. 침대를 잠자는 장소로 인지시키는 '불면증 인지행동 치료법' 중 하나다. 하지만 이미 침대에서 책을 보거나 TV를 보고, 스마트폰을 하는 습관이 몸에 밴 사람에게 강제로 이 방법을 권하면 역효과를 불러일으킬 수 있다.

최근 들어 모션 베드Motion bed의 수요가 늘고 있는 추세다. 침대에서 편안하게 여가시간을 보내며 휴식을 취하거나 독서 등을 할 수 있도록 기능을 추가해 침대를 단지 잠만 자는 공간이 아닌 휴식의 공간으로 만드는 것이다. 몸을 이완시켜 편안하게 잠드는 환경을 만들거나 아침에 쾌적하게 일어날 수 있는 환경을 만드는, 사물인터넷Iot 기술이 접목된 스마트 침대가 나올 날도 멀지 않아 보인다.

우리는 침대에서 일어나 하루를 시작하고 침대에서 하루를 마무리 한다. 침대는 슬픔의 눈물을 받아주고 고독한 몸부림을 품어주는 친구 같은 존재다. 아파서 끙끙거리는 신음소리를 온 몸으로 받아주는 것도 침대다. 잠을 자면서 몸과 마음에 신비한 치유가 일어나는 장소이자 세상에 나와서 처음으로 몸을 누인 장소이고 무덤으로 가기 전 마지막으로 머무는 장소이다. 필자는 침대를 과학이라고 부르기보다 정이 흐르고 생명이 잉태되며 나만의 눈물이 있는 곳, 꿈을 꾸며 희망을 품는 곳이라고 부르고 싶다.

12

—

미인은
잠꾸러기다?

하루 6시간, 8시간 잠을 자는 사람은 24시간 중 각각 인생의 사분의 일, 삼분의 일을 수면시간으로 쓰는 것이다. 100년을 산다면 약 25~35년이라는 시간을 자면서 보내는 셈이다. 그렇다면 잠은 인생에서 허비되는 시간일까? 전혀 그렇지 않다. 그 수면시간이 우리의 삶의 질과 건강, 외모 등에 큰 차이를 내기 때문이다. 특히 잠은 외모 중에서도 피부와 체중에 밀접한 상관관계가 있다.

나이가 들면 자연스럽게 눈가에 주름이 깊어지고 피부도 탄력을 잃는다. 노화현상을 '나이가 들었으니까 당연하지'라고 생각하며 긍정적으로 받아들이는 것이 좋지만, 사실 노화현상은 개인의 생활패턴에 따라 크게 편차가 있다. 흔히 미인은 잠꾸러기라고 하는데, 실제로 수면의 질이 피부 노화에 크게 영향을 끼친다. 이유는 수면 중 생성되는 호르몬 때문이다. 수면 중에는 다양한 호르몬이 분비되는데 논렘수면 상태, 즉 취침 후 3시간 동안에 성장호르몬이 집중적으로 분비된다. 성장호르몬은 신체 발달이나 신진대사 작용뿐만 아니라 피부세포 재생에도 매우 중요한 역할을 한다. 자는 동안 피부의 여러 층에서 세포분열이 일어나 낮 동안 손상되었던 피부를 재생하는 것이다. 그래서 잠을 제대로 못자면 피부 재생에 필요한 호르몬이 부족해 뾰루지 등 피부트러블이 발생한다.

피부만이 아니다. 수면은 체중과도 관련이 많다. 우리 뇌의 시상하부에 만복중추滿腹中樞라는 곳이 있는데 식욕이나 갈증이 충분히 해소되면 그것을 느끼도록 신호를 보내는 기관이다. 그런데 잠이 부족하면 식욕제어정보 호르몬인 렙틴Leptin이 만복중추에 도달하는 양은 감소하고, 반대로 식욕촉진 작용이 있는 그렐린Ghrelin이라는 공복 호르몬은 증가한다. 즉 포만감의 신호는 감소하고, 배고픔의 신호는 증가해 결국 체중이 늘어나는 결과로 이어진다.

실제로 미국 시카고대학에서 약 1000명을 대상으로 수면부족 정도에 따른 호르몬 증감 상태를 조사했다. 각각 수면시간을 달리해 조사한 결과, 이틀 연속 수면시간이 5시간 이하인 사람은 수면시간이 8시간인 사람에 비해 렙틴은 15.5% 적고, 그렐린은 14.9% 많았다. 따라서 수면 부족상태가 지속되는 사람이 공복감을 더 크게 느끼며 음식 섭취량을 조절하기에 어려울 수 있다.

일본 도야마대학 연구팀도 수면과 체중의 관계를 분석하기 위해 어릴 때의 수면부족이 성장 과정에서 실제로 비만으로 이어지는지를 조사했다. 정상체중인 만 3세 유아 5,520명을 대상으로 조사했는데, 이 시기에 수면시간이 9시간 미만인 아이들은 11시간 이상 충분히 수면을 취한 아이들에 비해 비만이 될 확률이 1.6배나 높은 걸로 나타났다. 위 두 연구결과는 수면시간이 실제로 체중에 영향을 줄 수 있다는 사실을 확인시켜 주었다.

그러므로 건강하고 아름다운 피부와 몸매를 가꾸기 위한 모든 노력은 일정한 수면시간을 확보해야 노력의 결실을 거둘 수 있다.

수면시간과 체중의 관계를 좀 더 생각해 보자. 새해가 되면 많은 사람들이 다이어트 계획을 세우고 헬스클럽에 등록하거나 식이요법을 시작한다. 처음에는 열심히 헬스클럽에 다니지만 얼마 지나지 않아 피곤과 회식 등의 이유로 하루 이틀 빠지기 시작하고 결국 1주일에서 3개월 사이에 포기하게 된다. 새해 첫 날의 결심이 작심삼일로 끝나는 것이 우리의 현실이다.

결심을 하지 않는 사람보다 결심을 하는 사람이 낫긴 하다. 그런데 간혹 운동을 시작해 한 달 이상 꾸준히 했는데도 별 성과가 나오지 않는 경우가 있다. 왜 그럴까?

아침에 헬스클럽에 가서 운동을 하려면 평소보다 일찍 일어나야 한다. 못해도 평소보다 1시간은 빨리 잠에서 깨어나야 한다. 가령 평소 아침 6시에 일어나는 사람인 경우 운동을 하려면 새벽 5시에 일어나야 하는데 밤 12시에 잠이 든다면 5시간 밖에 잠을 자지 못한다는 말이 된다. 그런데 이러한 수면부족이 식욕을 불러일으키는 원인이 된다. 저녁에 운동하는 경우는 어떨까? 런닝머신 위에서 땀 흘리며 뛰고, 각종 운동기구를 이용해 상당량의 칼로리를 태우면 기분도 좋아진다. 문제는 운동 후 몰려오는 야식의 유혹이다. 참기가 보통 어려운 것이 아니다. 운동 후 야식으로 인해 체중이 줄어들기는 커녕 오히려 불어나기도 한다. 뿐만 아니라 야식은 수면의 질도 떨어뜨린다. 많은 사람들이 이런 악순환을 경험했을 것이다.

결론적으로 말해 자신에게 맞는 수면시간과 식이요법을 병행하면 운동량을 줄이더라도 더 나은 결과를 얻을 수 있다. 매일 질 좋은 수면을 유지하면서 나이와 체력에 적합한 운동을 꾸준히 하면 체중이 줄어들고 체력도 좋아지는 것을 느낄 수 있을 것이다. 이를 증명하는 사례가 있다.

평소 늦은 시간까지 TV를 시청하다가 잠이 드는 생활패턴을 가진 한 여성 이야기다. 나이가 들면 당연히 살이 찌는 거라며 불어나는 몸무게를 당연히 여겼었는데 허리와 무릎에 통증이 생기는 등 건강에 이상이 생기면서 체중 조절의 필요성을 느끼고 운동을 시작했다. 난생 처음 하는 운동이 힘들었지만 살을 빼겠다는 일념으로 열심히 운동했다. 그런데 몇 달이 지나도 체중은 기대만큼 줄지 않았다. 운동량이 부족한 것으로 짐작하고 운동 강도를 더 올리고 시간도 늘렸다. 하지만 운동 시간이 늘어날수록 몸은 더 피곤해지고, 성과가 나지 않자 차츰 의욕도 꺾이면서 헬스클럽에 나가지 않게 되었다. 그녀는 운동 후 식사량이 늘었고 야식을 즐기는 습관도 남아있었기 때문에 그나마 조금 빠졌던 살도 금세 원상회복되었다. 더욱이 수면 패턴도 나빠졌다. 워낙 늦게 자던 습관이 있었는데 아침에 몸이 안 좋으니까 늦게 일어나는 일이 반복되었다.

그런데 어느 날 이런 그녀가 61kg에서 54kg으로 7kg이나 감량했다는 소식을 들었다. 어찌된 일인지 물어보니 특별한 운동을 하고 있지는 않지만 계단을 이용하는 등 걷는 시간을 늘렸고, 특히 눈에 띄는 점은 수면습관을 바꿨다는 것이다. 11시 이전에 잠자리에 들고, 평균 7~8시간씩 잠을 자고 있다고 했다. 식사는 주로 집에서 하고 야식은 거의 하지 않고 있었다. 운동량을 늘리거나 별도의 다이어트 식품을 섭취해서 체중조절을 한 것이 아니라, 수면습관과 식습관을 바꿔 체중조절에 성공한 것이다. 놀랍지 않은가? 이처럼 평소 다이어트나 운동 효과가 신통치 않다면 개선해야 할 생활습관이 있는지를 점검해 보아야 한다. 먼저 장애요인을 제거해야 원하는 결과를 얻을 수 있는 것이다. 당신의 다이어트를 방해하는 최대의 적이 수면이 될 수 있다. 수면습관과 식습관을 바꾸지 않은 채 운동량만 대폭 늘려 봐야 몸만 피곤하다. 체중조절과 건강이라는 두 마리 토끼를 잡으려면 우선 수면시간을 확보하라.

또 다시 수면이란 그 청춘의 샘에 젖으면,
나는 나이도 잊은 채 내가 아직 건강하다고 믿을 수 있게 된다.

— 앙드레 지드

13

|

나이 들면
아침잠이 없어진다?

　한창 일할 나이인 중년을 지나 나이가 들면 수면패턴에 변화가 생기기 시작한다. 활발하게 일할 시기에는 늘 잠이 부족했다. 잠을 푹 자봤으면 하는 것이 소원일 정도였다. 그런데 은퇴 후 낮 시간대 활동이 현격히 줄어들었는데도 졸음을 참지 못하고 끝내 초저녁에 일찍 잠자리에 들게 된다.

　나이를 들면 깊은 잠이 줄어들어 중도각성현상이 자주 일어나게 된다. 이 때문에 수면의 분단화 현상도 눈에 띄게 늘어난다. 즉 이른 아침에 눈이 떠져서 다시 잠들 수 없는 날이 많아진다. 나이가 들면서 나타나는 이런 증상을 불편해 하시는 분들도 많이 봤다.

　일반적으로 나이가 들면서 체온 리듬에 변화가 나타난다. 이것은 고령자의 조기취침과 조기기상의 원인이 된다. 체온 리듬은 55세 이후부터 변화가 나타나는데 물론 개인차가 있다. 고령이 되어도 젊었을 때와 체온 리듬이 차이가 없는 사람이 있다. 이러한 개인차가 나타나는 원인을 오랜 생활습관과 환경에서 찾을 수 있다.

필자의 부친은 올해 79세신데 아직도 일을 하고 계신다. 출근을 위해 밤 10시에 취침해 아침 7~8시에 기상하시므로 평균 9~10시간의 수면시간을 지키고 계신다. 아침 식사를 하고 일터에 나가시면 젊은 사람에 못 미치더라도 몸과 머리를 바쁘게 움직이시며 활기차게 일하신다. 이런 생활습관이 밤에 숙면을 취하게 만드는 원동력이 아닐까 싶다. 이처럼 고령자의 질 좋은 수면을 위해서는 은퇴 전의 일상생활을 유지하려는 노력이 필요하다. 핵심은 낮 시간에 활발하게 활동할 영역을 만들고, 초저녁이 아니라 자신이 정한 시간에 잠자리에 드는 원칙을 지키는 것이다.

일본 오키나와의 경우, 건강한 고령자들의 일상을 들여다보면 두드러진 공통점이 있다. 그들은 낮 시간에 활동을 많이 하고, 짧은 낮잠과 초저녁 시간대의 산책을 즐긴다는 것이다. 10~20분 정도의 짧은 낮잠을 취하면 아침부터 쌓인 뇌의 피로를 해소할 수 있고, 목표로 하는 취침시간까지 잠들지 않을 수 있다. 낮잠도 잘 자면 약이 된다.

연구결과에 의하면 적절한 낮잠은 치매 위험을 20%나 낮춰준다고 한다. 하지만 1시간을 크게 넘나드는 낮잠은 거꾸로 치매 위험을 배가시킬 수 있으니 주의해야 한다.

짧은 낮잠에서 깬 후 집안 청소 등의 가사나 독서 활동을 하거나 봉사나 각종 모임 등에 참여하여 사람들과 어울리는 것이 좋다. 더불어 초저녁에는 30분 정도 산책이나 국민체조 같은 익숙한 운동으로 활동량을 높여준다. 이때 어렵거나 계속하기 싫은 운동을 하는 것은 바람직하지 못하다. 지속성을 갖는 것이 가장 중요하기 때문이다.

불면증으로 고생하는 고령자들을 대상으로 짧은 낮잠과 초서녁의 가벼운 운동 효과를 연구한 결과가 있다. 생활 속에서 내일 이 두 가지를 실천한 결과 연구에 참여한 고령자들의 약 80%가 수면의 질뿐만 아니라 건강도 개선되었다. 한밤중에 몇 번씩 깨는 중도각성현상으로 깊은 잠을 못 잤었는데 이 두 가지를 꾸준히 실천하면서 아침까지 푹 잘 수 있게 된 것이다.

고령이 되면 빛에 반응하는 정도도 달라진다. 따라서 수면환경에도 변화가 필요하다. 너무 이른 아침에 눈이 떠진다면 침실에 차광커튼을 치자. 반대로 아침에 잘 일어날 수 없다면 침실에 빛이 들어오도록 얇고 밝은 커튼을 치자. 남편이 정형외과 의사인 어느 사모님이 밤에 잠을 잘 이루지 못해 고민이라고 상담을 요청해왔다. 얘기를 듣다 보니 불면증의 원인을 찾을 수 있었다. 이분은 잠자리에 누우면 자식 걱정이 밀려온다고 한다. 나이가 들면 이런저런 걱정도 느는 모양이다. 걱정거리를 잠자리에서 던져버려야 하는데, 이 또한 훈련을 통한 습관화가 필요하다.

걱정거리와 내일 할 일을 정리하는 노트를 활용해보길 권한다. 많은 걱정거리와 생각들이 떠오르기 시작하면 "내일 일어나 OO에 대해 생각한다.", "내일 몇 시에 OO에 대해 생각한다." 이런 식으로 노트에 적고 잊어버리는 습관을 들여 보라. 이러한 수면의식이 쉽게 잠들 수 있도록 도와줄 것이다.

마지막으로 가급적 눈앞에 시계를 두지 말고, 스마트폰도 멀리 놓는 게 좋다. 한밤중에 눈이 떠지면 자기도 모르게 시계를 보기 때문에 시간에 민감해질 수 있다. 영 다시 잠이 오지 않으면 잠자리에서 나와 졸음이 올 때까지 기다려라. 그리고 다시 졸리기 시작하면 이불 속으로 돌아가라. 고령자를 비롯한 누구라도 잠에 지나치게 집착하지 않는 것이 숙면의 답이다.

1 당신은 단시간 수면자 유전자를 가지고 있습니까?
시중에 나온 책을 보고 단시간수면법을 시도해 본 적이 있습니까? 당신은 올빼미형입니까? 아니면 종달새형입니까? ☐

2 당신에게 적합한 수면 시간은 몇 시간이라고 생각합니까? ☐

3 당신의 카페인 민감도는 어느 정도입니까?
몇 잔까지 혹은 몇 시 전까지 마셔야 수면에 지장이 없습니까? ☐

4 당신은 수면에 대해서 어느 정도 자신감을 가지고 있습니까?
(예를 들어 나는 잠이 잘 든다, 나는 지난밤에 푹 잤다, 나는 자고 일어나면 피곤이 풀린다). 수면에 대해 자신감을 가지는 것이 왜 중요합니까? ☐

5 당신의 수면 도구들을 점검해 봅시다.
수면에 방해되는 요소가 없는지, 개선하거나 바꿔야 할
수면 도구는 없는지 체크해 봅시다(베개, 이불, 잠옷, 침대 등). ☐

6 당신의 수면자세는 보통 어떤 자세입니까?
특정한 수면 습관이 있습니까?
당신의 수면환경 중 변화를 주어야 할 부분은 무엇입니까? ☐

잠 못 드는 이를 위하여

정채봉

그 사람은 며칠째 잠을 못 자고 설치고 있었다.
귀뚜라미가 찾아와서 찌르르르 찌르르르 잠언을 말했다.

용서하시오.
그 걸림이 마음 밑바닥에 가라앉지 않도록 하시오.
그렇지 않으면 그것은 당신 마음의 종기가 될 것이오.

잊으시오.
그게 가라앉아 잠재의식이 되지 않도록 하시오.
그렇지 않으면 그는 때때로 당신 마음을 난도질 할 것이오.

걱정마시오.
걱정으로 해결되는 일은 없는 것이오.
오늘의 수고는 이미 마쳤소. 나머지는 내일 일이오.

쉬시오.
마음의 짐을 짊어지고 자면 내일이 어두울 것이오.
새털같이 가벼운 마음으로 잠들면 기쁜 마음을 맞으리니.

아, 그 사람은 잠 속으로 깊이 폭 빠져 들어갔다.

PART

수면 전문가의
숙면 가이드

산다는 것은 앓는 것이다.
잠이 열여섯 시간마다 그 고통을 경감시켜 준다.

— 샹플

1

일어나는 시간보다
잠드는 시간을 통제하라

수면의 중요성은 각종 방송 프로그램과 책 등을 통해 많이 알려졌다. 내용의 대부분이 현대인들이 수면박탈로 인해 피곤한 삶을 살고 있으며 결국 잠을 잘 자는 사람이 건강하고 성공한다는 말로 끝을 맺는다. 그런데 현실은 불면증을 호소하는 사람들이 계속 늘어나고 있다. 왜일까? 불면증을 호소하는 사람들의 공통점은 바로 잠에 대한 집착이다. 아이러니하게도 잠에 대한 집착이 불면증의 원인이 되기도 한다.

잠은 우리 삶에서 빼놓을 수 없는 중요한 삶의 일부다. 누구나 인생의 삼분의 일은 잠을 자면서 보낸다. 이 말이 실감나지 않는가? 하지만 사실이다. 그러므로 한번쯤 잠자는 시간을 확보하는 것을 1순위로 한 후, 남는 시간을 우선순위에 따라 운동, 공부, 업무 등 나머지 활동들로 채우는 시간사용법을 실천해 보자.

필자도 잠자리에 들려고 하면 오히려 정신이 말똥말똥해지는 날들이 있었다. 그럴 때 억지로 잠을 자려고 노력하면 도리어 잠이 달아났다. 그렇게 밤새 뒤척이다 아침에 일어나면 몸이 개운하지 않았고 머리도 아팠다. 그래도 허겁지겁 일어나 출근하고, 회사에 가자마자 커피를 마시면서 일을 시작한다. 밤에 잠을 제대로 못 잤으니 낮 시간에 계속 졸리고, 그러다 보니 회사에서 일을 하면서 커피를 달고 산다. 그런데 야근으로 밤늦게까지 일하다가 밤 12시가 넘어서 파김치가 되어 집에 돌아오면 이상하게도 몸은 피곤한데 잠이 잘 오지 않았다.

잠을 자다가 중간에 깨는 중도각성현상도 나타났다. 젊을 때는 회식이나 친구들과의 모임에서 스트레스를 풀며 술을 많이 마셔도 자다가 중간에 깨는 일이 없었다. 그러나 40대에 접어들면서 술을 마시고 잔 날은 새벽 2~3시에 잠을 깨는 일이 잦아졌다. 이런 날이 하루 이틀 쌓이면서 만성 수면부족으로 이어졌다. 몸과 마음이 점차 피폐해졌다. 자연히 우울한 기분이 자주 들었고, 일에 의욕도 없어지고 만사가 귀찮아졌다. 밤에 잠이 잘 오지 않고 자고 일어나도 몸 상태가 좋지 않은 날들이 많아졌다.

미국 펜실베이니아대학 정신건강의학과 필립 게르만 교수는 침대에 누우면 잠이 깨는 현상을 후천적 장애라고 주장한다. 반복적으로 밤을 새는 사람은 뇌가 이를 기억하기 때문에 침대에 누워도 잠이 들지 않으려는 경향이 나타난다고 한다. 이 같은 현상을 '조건적 각성Conditioned arousal'이라고 불렀다.

필자는 이런 이유로 잠을 잘 못 자는 사람에게 우선 한 가지 효과적인 방법을 제안하고 싶다. 그것은 바로 잠자리에 드는 시간을 일정하게 정하는 것이다. 일반적으로 사람들은 일어나는 시간은 일정하게 정하면서 잠자리에 드는 시간은 정하지 않는다. 하지만 필자는 잠자리에 드는 시간을 일정하게 정하는 것이 먼저라고 말하고 싶다. 정해진 시간에 잠자리에 드는 것을 우선 목표로 삼아 실천해 보라.

필자는 밤 11시를 침대에 눕는 시간으로 정했다. 가끔 조찬모임이 있는 날도 같은 시간에 잠들고, 일어나는 시간만 평소보다 1시간 정도 앞당긴다. 휴일 날 낮잠은 거의 자지 않는다. 불면증을 극복하기 위해 실천했던 것 중 가장 힘들었던 것은 야식의 유혹을 이기는 일이었다. 다음날 퉁퉁 부은 얼굴을 연상하면서 야식을 끊기 위해 부단히 노력했다. 그리고 밤마다 가벼운 스트레칭으로 긴장된 몸을 푸는 식으로 수면 의식을 하나씩 바꾸어 갔다. 그렇게 틀어진 수면리듬을 바로 잡는 방법을 터득하고 꾸준히 실천함으로써 만성 수면부족에서 겨우 벗어날 수 있었다. 목표로 정한 수면시간을 확보하기 위해 업무도 일찍 마치려고 노력했고, 근무시간에 집중해서 낭비하는 시간을 줄이려고 애썼다. 시간이 걸렸지만 수면의 질은 차츰 달라졌고 그에 따라 삶의 질도 바뀌었다.

수면리듬을 되찾기 위해 수면에 관한 책을 찾아보는 등 적극적으로 수면에 대한 정보를 수집하고, 필요에 따라 수면전문병원을 찾아가 상담과 진료를 받아보자. 잘 자기 위해서 수면에 대해서 공부하고 그것을 하나씩 실천해 보자. 수면리듬을 되찾기 위한 노력은 숙면이라는 달콤한 보상을 줄 것이다. 숙면은 충분히 그럴 만한 가치가 있다. 더불어 평소 식습관, 업무처리 방식, 성격도 수면에 영향을 미친다. 숙면에 좋지 않은 잘못된 습관이 있다면 고치려고 노력해야 한다. 그래야 수면의 질이 높아진다. 간편하게 주사 한 방 맞는다고 수면의 질이 개선되지 않는다. 그런 방법은 없다.

주의할 점은 앞서 말한 것처럼 잠에 너무 집착하면 오히려 역효과를 볼 수 있다는 점이다. 돈에 집착하면 돈이 멀어지고, 애인에게 집착하면 떠나버리는 것과 같은 이치다. 편안한 마음이 가장 중요하다. 정해진 시간에 잠자리에 들었지만 쉽게 잠들지 않는다고 너무 스트레스 받지 마라. 그럼에도 불구하고 계속 정해진 시간에 잠자리에 드는 습관을 유지하면서 자연스런 수면리듬을 회복하라. 물론 때에 따라서 어쩔 수 없이 늦게 자는 날도 있을 것이다. 그런 날은 '오늘은 좀 늦었네.'하면서 가볍게 넘어가면 그만이다.

일반적으로 좋은 수면습관을 갖고 있는 사람은 매일 밤 침대에 누우면 정해진 시간에 잠들 수 있을 것이다. 잠을 잘 자는 사람은 어떤 상황에서든 잘 잔다. 내일의 걱정과 복잡한 일들을 미뤄두고 일단 자고 보자. 한번쯤 잠을 우선순위에 두는 삶을 한번 살아보라. 그리고 이렇게 마인드 컨트롤 해 보라. '나는 잠을 잘 잔다.' 이런 생각과 믿음이 잠드는 시간에 대한 두려움을 없애 줄 것이다.

내 활력의 근원은 낮잠이다.
낮잠을 자지 않는 사람은 뭔가 부자연스러운 삶을 살고 있는 것이리라.
— 처칠

2

—

생체시계를 맞춰 줄
햇빛샤워를 활용하라

휴가기간에 여행을 가면 잠을 잘 잔다. 그리고 평소보다 더 깊은 잠을 잔다. 여간해서는 중도에 깨지도 않고 잘 잔다. 아침에도 몸이 가뿐하게 눈이 떠진다. 이런 현상에 대한 이유로 여러 가지를 들 수 있을 것이다. 일상을 떠나 스트레스가 없고, 신선한 공기를 마시며 많이 움직이고, 사람과 많이 어울리며 마음이 편하기 때문이라고 말이다. 물론 다 맞는 말이다. 그러나 과학적으로 명백하게 밝혀진 확실한 이유가 있다. 바로 햇빛에 많이 노출된 결과다.여행 중에는 아마도 평소보다 많은 야외활동을 하게 될 것이다. 햇빛은 우리 몸의 시간 감각을 회복시키는데, 이로 인해 수면의 질이 좋아진다. 즉 햇빛을 많이 받으면 낮엔 또렷하게 깨어있고, 저녁에는 일찍 졸음이 온다. 밤에는 푹 자고, 아침에는 일찌감치 눈이 떠지는 자연스런 수면리듬이 회복되는 것이다.

스위스 바젤대학교에서 생체리듬에 영향을 주는 요소들을 연구하고 있는 크리스티안 카요헨 교수는 '빛은 그 무엇과도 비교되지 않는 가장 강력한 시간 신호장치'라고 말한다. 나이가 들수록 외적인 시간 신호장치가 둔화된다. 노화과정에서 중추신경을 구성하는 신경세포가 감소하기 때문이다. 그러므로 나이가 들수록 햇빛 같은 외적인 자극을 주어 시간 감각을 활성화시켜야 한다.

우리는 실내에서 대부분의 시간을 보낸다. 출근할 때도 햇빛이 들지 않는 지하철이나 창을 어둡게 코팅한 승용차를 이용하고 식사도 실내에서 한다. 운동마저 실내의 피트니스센터를 이용한다. 예전에는 야외에서 했던 조깅, 암벽 등반, 자전거 타기 등의 운동도 실내에서 주로 한다. 산책하다 보면 사람들이 눈만 빼고 얼굴을 완전히 가린 모습으로 산책을 하는 모습을 자주 본다. 아랍 여인의 히잡이 연상될 정도다. 이렇듯 현대인들은 햇빛을 보는 것을 극도로 꺼린다. 반면 유럽으로 출장을 가면 사람들이 잔디밭에서 일광욕을 즐기는 장면을 쉽게 볼 수 있다. 겉옷을 벗은 채 온 몸으로 햇빛을 받는 모습도 흔하다. 겨울 내내 흐린 날이 지속되면서 햇빛을 보기가 어렵기 때문일 것이다. 이처럼 평소 햇빛을 충분히 받지 못하면 다섯 가지 신호가 나타난다.

1. 기분이 우울하다.

겨울 우울증, 밀실 공포증 등은 햇빛이 부족하고 온도가 낮을 때 나타난다. 비타민 D 수치가 낮은 사람은 낮에 햇빛샤워로 '햇빛 비타민'을 섭취하는 사람보다 우울증에 걸릴 확률이 10배나 높다고 한다.

2. 체중이 늘고 있다.

햇빛은 비타민 D를 생성하여 피부를 자극함과 동시에 중요한 영양소인 산화질소를 공급해 신진대사를 도와주고 폭식증을 예방한다. 자외선에 노출되면 체중이 줄고 당뇨병 예방에 도움이 된다는 연구가 있다.

3. 자주 아프다.

충분한 햇빛을 받지 못하면 몸이 자주 아플 수 있다. 충분한 햇빛샤워는 비타민 D를 생성함으로써 면역력을 향상시켜 감염 및 독감 발생 가능성을 줄여준다.

4. 땀을 많이 흘린다.

운동을 하지 않거나 몸에 열이 나지 않는 경우에도 땀을 많이 흘리고 이마에 과도한 열이 있으면 비타민 D가 충분하지 않기 때문

135

일 수 있다.

5. 잠을 잘 자지 못한다.

햇빛이 부족하면 생체시계에 혼란을 준다. 수면유도 호르몬인 멜라토닌 분비가 원활하지 않기 때문이다. 연구에 따르면 인공조명이나 모니터 등을 보는 시간이 긴 것도 수면 장애를 일으킨다고 경고한다.

실내에만 있고 햇빛샤워를 소홀히 하면 생체리듬이 깨지면서 피곤한 날이 이어질 수 있다. 햇빛 부족으로 인한 비타민 D 결핍증 환자가 심장병을 앓을 확률이 그렇지 않은 사람보다 두 배나 높다는 연구결과도 있다. 어떤 의사는 자외선 차단제를 바르지 않고 하루 15분 정도 일광욕을 함으로써 비타민 D의 1일 필요량을 채우도록 권장한다.

햇빛샤워의 효과는 당신 생각 이상일 것이다. 하루 15분 정도 시간을 내어 밖으로 나가서 걸으며 햇빛샤워를 하자. 마음만 먹으면 누구나 할 수 있고 돈도 들지 않으면서 가장 효과적인 불면증 치료법이다. 햇빛은 인공적인 조명 따위는 감히 흉내도 내질 못할 엄청난 빛과 에너지를 가지고 있다. 햇빛샤워는 그 어떤 치료법보다 효과가 탁월한데 심지어 공짜다. 햇빛샤워라는 자연의 무료 치료를 누려

보자.

　햇빛샤워는 우리 몸이 생체리듬의 선순환을 되찾도록 도와주고, 우리 몸을 활동모드로 바꿔준다. 수면의 질을 높이는 방법은 거창하거나 어려운 방법이 아니다. 마음만 먹으면 누구나 할 수 있는 일상생활의 작은 습관이다. 매일 누구에게나 공짜로 제공되는 놀라운 생명 에너지인 햇빛, 그중에서도 아침 일찍 맞는 햇빛은 특별하다. 새 아침을 열어주는 아침 햇실은 우리 몸을 세딩해주기 때문이다. 아침에 눈을 떴을 때 눈으로 쏟아져 들어오는 아침 햇빛은 우리 몸을 빠르게 각성시킨다. 그리고 온 몸에 생명의 기운을 불어넣어 삶의 의욕을 불러일으킨다.

　매일 아침 햇빛을 온몸으로 맞아보자. 커튼을 열어젖히고 아침 햇빛이 방안으로 쏟아져 들어오게 하자. 성공적인 삶을 살도록 도와주는 삶의 활력소가 될 것이다. 햇빛샤워는 당신에게 기운 넘치는 아침과 숙면으로 연결되는 아늑한 밤을 선물할 것이다. 햇빛을 맞으며 걸으면서 당신의 생체리듬에 리셋 버튼을 눌러라.

노동 뒤의 휴식이야말로
가장 편안하고 순순한 기쁨이다.

─ 칸트

3

—

체온 변화의
리듬을 알라

'엄마 손은 약손' 엄마가 아이의 배를 문지르며 통증을 가라앉히기 위해 읊조리던 말이다. 배가 아플 때 우리는 본능적으로 손을 배 부위에 갖다 대고 마사지를 한다. 아픔을 가라앉히기 위한 무의식적인 행동이다. 엄마와 아이 또는 손과 배, 두 개의 파동이 만나면서 복사열에 의해 체온이 상승한다. 그러면 뭉치거나 막혀 차가워진 배가 차츰 따뜻해지고 순환이 이루어진다. 또한 엄마가 아이를 등에 업어 울음을 달래주면 아이는 금방 곤히 잠에 빠져든다. 체온을 서로 교류할 때 자연스럽게 일어나는 현상이다.

문명의 발달로 환경은 윤택해졌지만 현대인의 병은 오히려 늘어났다. 병원 내 암 병동이 따로 신설되고 의료기술이 발달하면서 신약은 계속 나오는데 환자는 줄어들 기미가 보이지 않는다. 왜 그럴까? 연구자들은 현대인들이 질병에 약한 이유로 체온 저하를 들고 있다. 몸의 자율신경이 제대로 작동하지 못하게 된 것은 에어컨이나 난방기술의 발달, 자동차 이용의 증가로 몸을 덜 움직인 결과다. 또한 이것이 현대인의 스트레스 증가 원인으로 알려지고 있다.

체온은 건강 상태를 가장 쉽게 알 수 있는 기준이다. 우리 몸의 정상체온은 36.5도다. 하지만 이는 측정 부위와 시간에 따라 차이가 난다. 개인에 따라 다르긴 하지만 귀의 경우 35.8~37.8도, 겨드랑이는 35.4~37.3도로 나타난다. 또한 체온은 연령에 따라 차이가 난다. 아이의 체온은 성인보다 높고, 65세 이상의 노령은 일반 성인보다 약 0.5도 낮게 나타난다.

필자의 체온은 전자체온계로 귀에서 쟀을 때 36.4~36.5도 부근으로 나타난다. 그런데 지인들의 체온을 재보면 36도, 36.2도, 36.4도 심지어 체온이 35~36도 사이인 분도 있다. 이처럼 자신의 체온을 정기적으로 체크해 보는 것은 건강 관리에 매우 유익하다.

이 같은 체온은 리듬을 탄다. 새벽녘에 가장 낮고 아침부터 서서히 올라가기 시작해 오후 5~7시 사이 가장 높게 나타난다. 이후 점차 체온이 떨어지고 수면 호르몬인 멜라토닌이 분비되면서 잠이 들기 시작한다. 일반적으로 식사를 마친 후에는 일시적으로 0.2~0.3도 정도 높아지고, 여성은 배란기에 체온이 높아지기도 한다.

체온이 너무 높거나 낮으면 잠이 들기 어렵다. 불면증 환자들은 대부분 체온이 낮다. 또한 밤늦은 시간에 하는 과한 운동은 잠을 달아나게 한다. 혈액순환이 빨라지고 체온이 상승하면서 각성이 일어나기 때문이다. 그러므로 자신의 몸에 맞는 정상체온을 유지하는 것이 숙면으로 가는 지름길이다. 이를 위해서 생활습관, 음식, 운동 등을 꾸준히 관리하는 것이 중요하다. 신체의 장기가 모여 있는 복부를 따뜻하게 하고, 여성은 복부가 드러나는 옷을 삼가는 게 좋다. 자궁이 위치해 있기 때문이다.

저체온이라면 체온을 올리는 반신욕이나 핫팩 등을 이용해 배를 따뜻하게 하자. 그러나 외부의 도움으로 체온을 올리는 방식에 전적으로 의존하지 않는 것이 좋다. 운동이나 음식 등을 통해 몸이 스스로 열을 내게 만드는 것이 좋다. 그래야 자연치유력과 몸의 회복력이 올라간다. 사람들은 대부분 몸에 지방이 많으면 지방이 몸을 따뜻하게 한다고 생각하는데 이는 잘못된 생각이며 사실은 그 반대다. 몸에 지방이 많으면 오히려 체온을 떨어뜨린다. 필자도 지방이 많은 사람들이 체온이 높을 줄 알았는데 확인해 보니 정반대였다. 몸에 지방이 많은 사람들이 평소 열이 많고 땀도 많이 흘려서 체온이 높을 줄 알았는데 도리어 저체온인 것을 확인하고는 적잖이 놀랐다.

반면 근육이 많은 사람이 체온이 높게 나타났다. 따라서 우리 몸의 체온을 올리기 위해서는 근력운동과 유산소 운동을 통해 몸의 근육을 늘리고 지방은 줄이는 게 효과적이다. 이때 주의할 점이 있다. 운동을 하더라도 나이에 맞게 무리하지 않는 것이다. 젊을 때는 급격하게 무리했어도 염좌_{순간적으로 외력이 가해졌을 때 인대가 늘어나거나 근육이 찢어진 현상}
나 허리 부상이 쉽게 극복되는 경우가 흔하다. 그러나 신진대사가 왕
성해서 자고 일어나면 몸이 풀렸던 젊은 시절만 생각하고 나이가 들
어서도 그대로 운동하면 몸은 고장이 나게 되어 있다. 몸에 무리가
가지 않도록 나이에 맞게 적절히 운동해야 건강을 계속해서 유지할
수 있다.

　　한여름 시원한 아이스커피는 더위를 식혀주고 기분을 상쾌하
게 만들어 준다. 필자도 여름엔 아이스커피를 즐기곤 한다. 하지만 여
름 외에 다른 계절에는 아이스 음료를 거의 마시지 않는다. 요즘 한겨
울에도 아이스 음료를 즐겨 마시는 젊은 친구가 많다. 물론 젊을 때는
몸에 열이 많고 신진대사가 활발해서 별 문제가 없지만 건강을 생각
한다면 이는 좋은 습관이 아니다.

　　찬 음식보다 따뜻한 음식을 가까이 하자. 체온을 보호해 주
어 장기적으로 건강을 지키는데 도움이 되기 때문이다. 이뇨현상을
가져오는 카페인 음료, 즉 커피나 녹차 등은 줄여보자. 그러면 숙면
은 물론 체온관리에도 도움이 된다. 일석이조인 셈이다. 계절이 바뀌
는 환절기에는 건강을 잃기 쉽다. 체온관리가 어렵기 때문이다. 자칫
체온관리에 소홀하면 각종 질환에 걸리기 쉽다. 우선 내 몸의 체온을
아는 것부터 시작하자. 체온의 중요성을 제대로 알고 체온을 관리함
으로써 건강과 질 좋은 수면이라는 두 마리 토끼를 잡아보자.

4

|

몸의 사용설명서를
읽어라.

흔히 '사람은 기계가 아니다.'라는 말을 한다. 쉬지 않고 일만 하다 보면 탈이 난다는 말이다. 몸을 돌보지 않고 무리를 하다가는 몸 어딘가가 고장이 나니 조심하라는 경고성 말이다. 실은 기계도 마찬가지다. 가끔씩 가동을 멈추고 쉬면서 꾸준히 정비를 해줘야 말썽을 부리지 않는다.

자동차에 쉬지 않고 연료를 주입하면서 계속해서 달린다면 어떻게 될까? 엔진에 무리가 가는 것은 기본이고, 작동 장치가 하나둘씩 고장이 나게 될 것이다. 교체하지 않아 얇아진 타이어는 주행 도중 펑크가 날 가능성이 높다. 그러면 위험천만한 상황으로 이어지게 된다. 어느 기계든 사용설명서가 있다. 거기에는 부품 교체주기, 정기 점검사항 등 고장을 예방하고 기계가 정상적으로 작동되도록 도와주는 설명들이 적혀있다. 사람의 몸도 마찬가지다. 병은 어느 날

갑자기 생기지 않는다. 날마다 조금씩 몸에 짓는 죄가 쌓여서 생긴다. 몸에 지은 죄가 많아지면 그때 갑자기 병이 생긴다. 히포크라테스의 말이다.

점심을 먹고 나서 오후 2시경이 되면 몸이 나른해지며 졸음이 몰려온다. 흔히 식곤증이라고 알고 있는 증상이다. 우리는 밥을 먹고 나면 졸음이 온다는 이 공식을 당연시해 왔다. 음식물을 소화시키기 위해 피가 위와 장으로 몰리면서 졸음이 온다는 주장은 꽤 설득력이 있어 보인다. 그런데 논리적으로 생각해 보면 식곤증에 대한 의문점이 있다. 그렇다면 왜 아침밥을 먹고 나서는 졸린 현상이 없는 것일까? 점심 이후의 식곤증은 단순히 밥을 먹어서가 아니라, 깨어나서 8시간 이상 활동한 몸이 피곤한 상태임을 알려 잠시 쉬라고 보내는 몸의 신호다.

무슨 일이든 필요한 지식을 사전에 알고 있으면 실패할 확률이 줄어든다. 하지만 대부분의 사람들이 사전에 알아야 할 지식을 몰라서 실패하거나 알면서도 실천하지 않아서 낭패를 본다. 건강에 대해서도 마찬가지다. 바른 식생활, 적절한 운동, 충분한 수면 등은 아무리 강조해도 지나치지 않는다. 여기에는 스트레스 관리까지 포함돼야 한다.

우리 몸에도 사용설명서가 있다. 그 첫 번째로 몸을 구조에 맞게 바르게 사용해야 한다. 즉 S자 척추선과 C자 경추곡선을 틀어지게 만드는 잘못된 자세를 바로잡아야 한다. 운전, PC작업, 스마트폰, 게임, 공부 등으로 근육이 뭉치고 혈액의 흐름이 막혀 통증이 생기는 것이다.

필자가 어렸을 때는 학교 선생님이나 집안 어른들이 올바른 자세를 가르쳤다. 꾸부정하게 앉아있으면 혼이 나고 심지어 회초리로 등짝을 맞은 적도 있었다. 그러나 지금은 어느 누구도 바른 자세에 대해 말하거나 가르치지 않는다. 게다가 말해도 들으려고 하지 않는다. 그냥 내가 편하면 된다는 식이다. 같은 동작이지만 바른 자세를 취하고 있는 사람과 등을 굽히고 고개를 숙이고 턱을 앞으로 내밀고 있는 사람을 그려보자. 겉모습도 다르지만 무엇보다 몸의 피로도가 확연히 차이가 난다.

세월이 흘러 나이가 들면 바른 자세의 중요성을 뒤늦게 깨닫게 되는 경우가 많다. 그러나 이때는 이미 요통, 어깨 결림, 두통 등이 상당히 진행된 후여서 만성통증으로 고통을 받는 단계다. 병원에서 진찰을 받으면 의사 선생님이 '노화'라는 한마디로 진단을 내린다. 그래서 대부분의 사람들은 나이 들어 아픈 것이 당연하다고 착각을 한다. 하지만 실은 오랫동안 잘못된 자세를 취하고 산 대가인 경우가 많다. 허리를 세우고 가슴은 펴고 턱과 머리를 앞으로 내밀지 않도록 주의하자. 바른 자세를 취하면 특별히 돈을 쓰지 않아도 많은 통증을 치료할 수 있다.

둘째로 바른 식습관을 가져야 한다. 우리 몸은 우리가 입으로 먹은 것을 연료로 삼는다. 최근 3개월 동안 먹은 음식이 혈액의 원료가 되고, 11개월 전에 먹었던 것이 뼈의 원료가 된다. 지금 먹은 정크푸드가 바로 몸에 해를 가하지는 않겠지만, 3개월 후나 11개월 후에는 건강에 영향을 미치게 된다.

다이어트나 체질개선을 해본 사람은 3개월이 기준이 된다는 사실을 잘 알 것이다. 왜냐하면 혈액의 붉은 성분인 적혈구의 수명이 3개월이기 때문이다. 그래서 체질개선 노력의 결과가 나타나려면 3개월의 시간이 필요하다. 골다공증 환자는 기간이 더 소요된다. 식습관과 운동을 꾸준히 실천했다면 결과는 11개월 후에 나타나게 된다.

셋째로 평온한 마음의 운전사가 되어야 한다. 주인 잘못 만나 고생하는 내 몸에게 격려하는 말과 표현을 해보자. 하루 종일 일하고 돌아온 다리를 만져주며 '수고했다, 정말 고맙다.'고 말해 보자. 가슴에 손을 대고 위로하면서 잘 했다고 칭찬해 주자. 몸은 신이 날 것이다. 온 몸에 있는 신경과 세포가 주인에게 인정받으면 기분 좋게 다시 주인을 지원해 줄 것이다.

긍정적인 감정은 몸을 건강하게 하고, 부정적인 감정은 몸을 상하게 만든다. 사회생활을 하다 보면 뜻하지 않게 상처를 받기도 하고 주기도 한다. 인생에 있어 희로애락은 피해갈 수 없는 필수 코스다. 너나 할 것 없이 각자 힘들고 어려운 삶을 살아간다. 스트레스 없는 삶이 어디 있겠는가? 현실이 여의치 않더라도 되도록 긍정적인 생각을 가지고 심호흡을 하며 평정심을 갖도록 노력하자.

　　더불어 '가장 좋은 휴식은 잠이다.'라는 말을 기억하자. 현대인은 늘 분주하게 움직이지 않으면 불안해한다. 따로 시간을 내서 운동을 하거나 여가를 즐기기가 만만치 않은 것이 현실이다. 청년 같은 젊음을 그대로 유지할 수도 없다. 하지만 앞서 말한 3가지 내 몸 사용설명서를 기억하고 일상에서 하나씩 실천해 보자. 당신이 빛 살이 든 활기찬 인생이 열릴 것이다.

자정 이전 한 시간의 잠은
자정 이후 세 시간의 잠과 같다.

— 조지 허버트

5

몸의 70%를 차지하는
물을 순환시켜라.

오이, 토마토, 양배추 등 각종 채소의 약 95%
는 수분이다. 채소는 수분이 전부라고 해도 과언이 아니다. 싱싱하고
맛있는 채소의 필수요건은 수분으로 가득 차 있는 것이다. 반면 시든
채소는 수분이 빠져나가 말라있는 상태다.

사람도 마찬가지다. 성별, 연령별로 차이가 있지만 우리 몸은
대부분 물로 채워져 있다. 태아는 몸이 90%, 신생아는 75%, 어린이
는 70%, 성인은 60~65%, 노인은 50~55%가 수분으로 구성되어 있
다. 연령대별로 다르지만 몸의 70%는 물로 구성되어 있는 것이다.
어린이와 노인의 수분함량 차이가 놀랍지 않은가? 젊었을 때 탱탱했
던 피부가 나이가 들면서 주름이 생기고 처지는 원인은 수분함량의
변화에 있다.

우리가 어이없는 상황에 맞닥뜨렸을 때 불쑥 튀어나오는 말

이 있다. '기가 막힌다.' '기가 찬다.', '기가 찰 노릇이다.'라는 표현이
다. 말도 안 되는 상황에 기가 막혀 목숨이 위험하다는 뜻을 내포하
고 있다. '통즉불통, 불통즉통通卽不痛, 不通卽痛'은 허준의 동의보감에 나
오는 말이다. '통하면 아프지 않고, 통하지 아니하면 아프다'는 의미
다. 즉 우리 몸에 있는 체액이 막히면 건강이 위협을 받는다. 뇌의 혈
액순환이 막히면 사망원인 2위인 뇌졸중이 발생하고, 심혈관이 막히
면 사망원인 3위인 심근경색이 생긴다. 체액순환이 잘 되어야 숙면
도 취할 수 있다. 장수와 건강의 비결인 것이다.

　　우리 몸의 70%가 물이라는 사실은 다 알고 있는 사실이지만
과연 물은 우리 몸에 어떤 형태로 존재할까? 체액으로는 혈액, 타액,
눈물, 콧물 등이 쉽게 떠오른다. 여기에 우리가 잘 모르고 있지만 너
무나 중요한 체액 2가지가 더 있다. 바로 림프액과 뇌척수액이다. 이
것은 혈액을 포함해 우리 생명에 필수적인 체액이다.

　　혈액과 림프액, 뇌척수액, 이 3가지 체액이 몸에 잘 돌면 통증
이 자연히 사라지고 면역체계가 튼튼해진다. 만성통증에 시달리는 사
람들은 대부분 자신이 왜 아픈지 그 원인을 제대로 모른다. 병원에 가
거나 물리치료를 받고, 마사지를 받으면 좋아지는 것 같은데 왜 다시
재발하는 것일까? 왜 언제부턴가 잠을 자도 몸이 시원하게 풀리지 않
는 것일까? 통증으로 잠을 못 자는 날이 왜 되풀이 되는 것일까? 해답
은 체액이 질서 있게 온 몸을 순환해야 한다. 이를 순환계라고 부른다.

이런 흐름이 막히면 여러 증상이 나타난다. 두통이 생기거나 어깨 뭉침, 요통, 몸과 얼굴이 붓고 만성피로도 생긴다. 통증으로 불면증이 심화되기도 한다.

혈관계에서 혈액은 심장이 가하는 압력으로 동맥을 타고 온몸으로 퍼져나간다. 모세혈관에 도달해 산소와 영양을 공급하고 정맥을 거쳐 심장으로 복귀하며 다시 순환한다. 림프계는 림프관과 림프샘으로 이루어져 있는데, 림프관을 통해 흐르는 체액을 림프액이라 한다. 혈액을 통해 세포에 산소와 영양을 공급하면 대사작용으로 만들어진 이산화탄소와 노폐물이 생긴다. 림프액의 주요 역할은 이 노폐물을 옮기는 것이다. 림프액이 노폐물을 치우지 못해서 몸에 쌓여간다고 상상해 보라. 어떤 일이 생길까? 막힌 싱크대 배수구를 떠올려 보자. 고인 물은 점차 지저분해지고 악취가 날 것이다. 노폐물이 축적되면 독소가 생기는 것은 물론, 영양이 세포로 제대로 전달되지 않아 영양실조 상태가 된다. 암환자의 사망 원인 50% 이상이 영양실조라는 애기를 들은 적이 있다.

마지막으로 뇌척수액계를 이루는 뇌척수액은 머리뼈와 척추 안에 있는 체액으로 뇌와 척추를 지키는 역할을 한다. 뇌척수액은 자극으로부터 뇌와 척수를 보호하고 뇌 속을 순환하며 영양을 공급하는 일 등을 수행한다. 벽에 머리를 세게 부딪쳐 충격을 받아도 뇌척수액이 완충재 역할을 해주기 때문에 뇌가 크게 다치지 않는다. 매우

151

중요한 역할을 하는 체액인 것이다. 뇌척수액은 머리의 뇌실인간의 뇌 내부에 있는 공간에서 생성되고 이동하며 정맥으로 들어가 림프액과 섞여 혈관계 또는 림프계로 흡수된다. 그런데 이 순환이 안 되어 뇌 안에 고이게 되면 압력이 높아져 두통, 구토, 경련, 정신이상 등 다양한 증상을 일으킨다. 교통사고 등으로 뇌척수액이 빠져나가 후유증이 심각해지는 경우도 있다.

우리 몸이 건강하려면 체액의 순환을 막는 원인을 찾아 근본적인 치료가 이루어져야 한다. 이것이 불면증의 악순환을 끊고 숙면을 취하는 방법이다. 순환계가 선순환이 되면 몸의 이상증상이 호전된다. 체액순환을 좋게 하는 체조, 스트레칭과 심호흡 등을 꾸준히 실천해 보자. 뭉친 곳을 풀어주는 5~10분간의 단순한 스트레칭도 꾸준히 하면 상당한 효과를 거둘 수 있다. 이처럼 작은 행동의 변화가 건강이라는 엄청난 혜택을 되돌려 준다. 필자는 아침에 국민체조와 스트레칭을 꾸준히 하고 있다. 각각 5분, 10분이면 된다. 밤새 굳은 몸이 풀리고 체온상승으로 기분까지 좋아진다.

6

움직임에 방해가 되지 않는
침구를 사용하라.

비즈니스로 해외출장이 잦았던 필자는 항상 잠자리에 적응하느라 애를 먹었다. 그러나 한편으로 나라에 따라 다른 다양한 베개와 침대를 체험하면서 수면사업의 매력에 빠졌다. 독일 등 유럽은 대체적으로 구스나 덕다운 베개가 많았고, 폼 매트리스, 스프링, 라텍스 등 여러 종류의 매트리스가 혼재했다.

일본의 호텔들은 수면 연구기관에 의뢰해 만든 베개를 주로 사용했다. 객실에는 베개에 대한 설명이 있고 숙박 손님에게 판매도 했다. 매트리스는 주로 스프링 매트리스였다. 중국과 인도에서는 고객이 베개를 선택할 수 있게 한 호텔이 눈에 띄었다. 메모리폼, 라텍스, 구스다운, 솜 베개 등 여러 제품을 구비해 놓고 손님이 선호하는 베개를 제공하고 있었다.

출장에서 묵게 되는 호텔은 필자에게는 해외 연구실과 같았다. 호기심에 열어 보고, 뒤집어 보고, 이리저리 살펴보면서 제품개발에 대한 아이디어를 떠올렸다. 보기에 풍성한 구스다운 베개는 푹 가라앉아 자고 나면 목이 아팠다. 그래서 구스다운 베개를 사용할 때는 접어 목 부위에 끼워서 자곤 했는데 나름 목의 통증이 줄어드는 효과를 봤다. 미국 출장 중에는 너무 빵빵한 솜 베개를 베고 자서 목의 통증으로 며칠을 고생한 적도 있다. 결론적으로 세상에는 메밀 베개, 솜 베개, 구스다운 베개, 라텍스 베개, 메모리폼 베개 등 정말 많은 베개가 있지만 C자 형인 목의 커브를 변형시키는 베개는 통증을 불러 일으켰다. 우리 몸은 호흡과 혈액순환으로 산소와 영양을 공급받는데, C자 형의 경추목뼈는 뇌로 영양을 공급하고 명령을 전달하는 통로이며 꼬리뼈까지 연결된 척추의 중요한 부분이다.

일본으로 출장을 갔을 때 마침 허리건강 TV 프로그램이 나오고 있었다. 정형외과 의사가 병원에서 허리디스크 환자에게 물리치료를 하며 경험한 이야기였다. 치료를 받고 증세가 호전되어 돌아간 환자가 며칠이 지나 고통을 호소하며 다시 병원을 찾는 일이 많았다고 한다. 그 이유가 궁금해서 집중적으로 환자를 관찰한 결과, 집에서 사용하는 잘못된 베개가 원인이었다.

자는 동안 베개에 머리를 대고 움직이지 않는 사람은 없을 것이다. 우리는 보통 20~30번 정도 무의식적으로 수면자세를 바꾸면서 잠을 잔다. 잠을 자는 6~8시간 동안 한 자세로 누워있는 것은 불가능하다. 자면서 몸을 움직이는 것은 자연스러운 것이며 몸이 건강하다는 증거다. 그래서 움직임이 자유롭지 못한 장기 입원 환자를 간호하는 간병인의 중요한 임무는 누워있는 환자의 자세를 주기적으로 바꿔주는 것이다. 그렇지 않으면 매트리스와 닿는 몸의 부위에 땀이 차고 혈액순환이 안 되어 욕창이 생기기 때문이다.

수면 중 움직임이 좋은 베개와 매트리스를 사용하는 것이 숙면에 좋은 이유가 이 때문이나. 처음 누웠을 내 몸에 착 달라붙는 느낌만으로 매트리스를 선택하면 곤란한 일이 생길 수 있다. 지구의 중력으로 인해 계속해서 밑으로 내려가 푹 꺼진 상태가 될 수 있기 때문이다. 이 경우 몸에 밀착된 부위는 당연히 더워질 수밖에 없다. 이런 매트리스에서 잠을 자면 더워서 잠을 잘 자지 못한다. 또한 몸을 옆으로 돌리고 싶어도 몸이 매트리스에 푹 빠져있어 움직임이 자유롭지 못하다. 즉 이런 매트리스는 몸의 움직임을 어렵게 만들어 숙면을 방해한다. 그렇다고 맨 바닥같이 딱딱하다면 신체 곡선을 유지하기 어려울 수 있다. 또한 체압으로 근육과 골격이 서로 맞닿아 압박을 줄 수 있기 때문에 몸이 마른 사람은 닿는 부위가 아플 수 있다. 그럴 때는 타퍼Topper나 패드Pad 등 보조 용품을 사용해 보완하는 게 좋다.

경추에 좋은 베개더라도 치료용과 수면용 베개는 구분되어야 한다. 구조상 10~30분 치료용으로 사용할 수는 있지만, 잠자는 내내 베고 자기에는 불편한 베개가 있다. 우리 몸은 경추만으로 구성되어 있지 않다. 수면용 제품은 몸 전체와 생체 기능의 밸런스를 고려해야 한다. 필자가 보기에 어느 기능이 강조되어 한 쪽에만 치우친 제품은 수면용으로는 무리가 있다고 생각된다.

살아있는 생물은 끊임없이 움직인다. 그러므로 수면용품을 선택할 때 잊지 말아야 할 점은 내 몸의 자연스런 움직임에 방해가 되지 않는 것이다. 여기에는 통기가 잘 되어 배출된 땀이 한 곳에 머물지 않고 쉽게 증발되는 것도 포함된다. 다시 말해 체온조절과 혈액순환 등이 자율적으로 작동되도록 돕는 제품이다.

수면제품을 선택하기에 앞서 내 몸의 작동원리와 구조에 잘 맞는지 곰곰이 생각해 보자. 우리 몸은 움직이지 않으면 굳게 되어 있다. 아침에 상쾌한 몸으로 일어나고 싶은가? 자는 동안 몸의 움직임을 자유롭게 하는 수면제품을 사용하자.

7

|

땀이 차지 않도록
잠자리를 유지하라.

앞에서 말했듯이 숙면을 취하는 데는 체온이 중요하다. 생물학적으로 잠의 시작을 알리는 신호는 심부체온이 떨어지면서부터 시작된다. 이때 몸의 여러 부분을 통해 열이 방출되면서 손과 발의 체온이 올라간다. 심부체온을 낮추기 위해 열에너지가 몸 바깥 부분으로 배출되면서 나타나는 현상이다.

배출된 열에너지는 피부를 통해 땀으로 나온다. 땀은 체온을 조절하는 중요한 물질이다. 체질에 따라서 땀을 많이 흘리기도 하고 적게 흘리기도 한다. 땀은 활동이 많아짐에 따라 발생하는 열에너지를 증발시킴으로써 체온을 낮추어 사람의 체온을 항상 일정한 정도로 조절하는 기능을 수행한다. 이런 기능은 밤에도 동일하게 작동된다. 그러므로 수면 중에 땀을 흘리는 것은 정상적인 현상이다. 잠잘 때 이불 밖으로 발을 내미는 현상은 발에서 나온 땀을 신속히 증발을 시키기 위한 본능적인 반응인 것이다. 자는 동안 이불을 걷어차는 것도 같은 이유다. 이불 속 온도가 높으면 체온을 유지하기 위해 그렇게 행동하는 것이다.

잠자리가 더워 불편하다는 이야기를 종종 듣는데, 이는 매트리스나 이불 등이 열에너지를 붙들기 때문에 일어난다. 밤 10시가 지나면 생체시계에 따라 심부체온이 내려간다. 온열 등으로 외부에서 열을 가하거나 운동 등으로 체온을 올리지 않는다면 자연스러운 현상이다. 만약 몸에서 이런 현상이 나타나지 않으면 만성 불면증이 나타날 수 있다.

체온저하를 막는데 잠옷도 한 몫을 차지한다. 면 소재의 잠옷은 수분을 끌어당겨 머물게 만들기 때문에 잠자리를 축축하게 만든다. 몸에서 방출하는 땀의 흡수력은 좋은데 증발시키는 기능은 약하기 때문이다. 극세사 같은 초고밀도 원단은 촉감은 부드럽지만 통기성에 문제가 있는 소재다. 땀의 배출을 원활하지 않게 만들어 숙면을 방해할 수 있다. 땀을 식히기 위해 이불을 걷어차는 등 많이 뒤척이게 만들기 때문이다. 이불을 걷어차게 되면 체온이 급격히 떨어져 감기에도 잘 걸리게 된다.

등산 등 아웃도어에 사용하는 소재를 생각해 보자. 최근 움직이면서 배출되는 땀을 신속하게 증발시키는 원리로 만들어진 고기능성 제품들이 고가에 팔리고 있다. 이러한 고기능성 제품들은 걸을 때

체온조절이 원활하도록 만들어졌다. 반면 등산 전문가는 등산용 의상으로 바깥의 차가운 공기를 완전히 차단하는 두툼한 점퍼는 권하지 않는다. 이런 옷을 착용하고 산에 오르면 얼마 못 가서 금세 땀이 차고 더워져 옷을 벗게 된다. 그러면 체온이 급격하게 떨어져 건강에 이상이 생길 수 있다.

등산을 할 때 '덥기 전에 벗고, 춥기 전에 입어라.'는 말이 있다. 등산 전문가의 체온보호를 위한 원칙이나. 쉬고 나서 쉴 때 옷을 더 착용하는 게 체온보호를 위한 정석이라는 것이다. 걷지 않고 멈추면 땀이 마르면서 체온이 빠르게 떨어지기 때문이다. 이때 주의할 점은 통기는 잘 되지만 찬바람은 막아주는 기능성 소재로 된 옷을 입는 것이다. 널리 알려진 고어텍스 같은 소재가 대표적이라 할 수 있다. 그렇지 않으면 체온이 떨어져 저체온증에 걸릴 수 있다.

체온이 내려가야 깊은 잠을 잔다고 하지만, 체온을 지나치게 떨어지게 만드는 쿨 기능이 강화된 소재도 문제가 있다. 적정 체온을 벗어나 자칫 저체온에 빠질 수 있기 때문이다. 무더운 한여름에 몸을 시원하게 만들어 잠을 잘 오게 할 수 있지만, 기온이 낮은 새벽녘에 혈액순환 장애로 문제가 생길 소지가 있어서 주의해야 한다.

수면양말이 한때 유행한 적이 있었다. 발의 모세혈관을 넓혀 혈액순환을 돕고 발을 따뜻하게 하기 위해 수면양말을 신는 것은 좋다. 그러나 수면양말을 신더라도 잠들기 전에는 양말을 벗어 체온방

출이 쉽도록 하는 게 좋다. 평소 손발이 찬 경우라면 체온을 올리는 음식과 운동을 꾸준히 실천해 체질을 변화시키는 노력이 근본적인 처방이다.

필자는 해외시장 개척을 목표로 독일 프랑크푸르트에서 열리는 하임텍스 홈패션 및 가정용품 박람회를 참석하고, 독일, 프랑스, 덴마크, 스웨덴, 일본 등지의 기능성 소재 및 이불 회사를 찾아다녔다. 이불은 잠을 자는데 필요한 3가지 베개, 매트리스, 이불 필수 도구 중 하나다.

체온과 이불의 연관성을 잘 설명해주는 예가 있다. 이불에 적합한 기능성 소재를 찾아 수소문 끝에 알게 된 과학자였다. 이름만 들어도 알 수 있는 유명 아웃도어 브랜드에 적용된 체온 밸런스 소재를 만든 일본 과학자이다. 그 분야만 30여 년 연구해 왔다는 그분의 연세는 70세가 넘어 보였다. "여름에는 더워서 이불을 잘 안 덮지 않나요?"라는 필자의 질문에 그 과학자는 "여름에도 이불을 덮어야 합니다. 에어컨 같은 냉방기가 집, 사무실, 자동차 어디를 가도 돌아가기 때문에 사람의 자율신경계가 무너져 있습니다. 그러니 밤에라도 무너진 체온밸런스를 바로 잡아야 합니다. 자율신경계가 작동하기 위해서는 여름에도 체온조절 기능이 있는 이불을 반드시 덮어야 합니다." 오랜 연구와 경험에서 우러나오는 명쾌한 답변에 고개를 끄덕일 수밖에 없었다.

우리는 너무 더워도, 너무 추워도 잠을 이루기 어렵다. 살아

있는 몸에서 방출하는 열에너지를 효율적으로 배출하며 적정체온을 유지해야 깊은 잠을 잘 수 있다. 수면용품의 구조와 소재를 잘 알아서 구매하고 사용해야 하는 이유다.

평소 사용하는 수면용품이 내 몸에 적합한지, 불편하지만 남들이 좋다고 하니까 쓰고 있지는 않은지, 혹은 익숙해서 습관적으로 사용하고 있지는 않은지 세심하게 점검해 보면 좋겠다. 우수한 기능을 가진 침구라고 할지라도 계절에 따른 적정한 실내온도를 유지하지 못하면 기능을 발휘할 수 없다. 까다롭게 수면환경을 점검하여 질 좋은 수면을 확보해야 한다.

수면은 죽음이란 은행에게 우리가 갚아야 할 이자다.
더 많이, 더 자주 갚을수록 상환일을 늦출 수 있다.

− 쇼펜하우어

8

감정조절 호흡법을
실천해 보라.

중국 속담에 "병을 잊어버리면 스스로 물러난다."라는 말이 있다. 왜 그럴까? 1884년, 철학자이자 의사이면서 심리학자였던 미국의 윌리엄 제임스는 '정서를 생리적 변화에 드러나는 정신 상태'라고 정의했다. 우리의 정신 상태는 반드시 행동으로 나타난다. 외부의 자극이나 내면의 변화로 생기는 심리적, 생리적 변화는 단순히 기분과 감정에만 영향을 끼치는 것이 아니라 행동 경향 전반을 바꾼다.

한번 무너진 우리 몸의 균형을 원상태로 회복시키려면 육체적인 기능회복뿐만 아니라 정신적인 기능회복에도 많은 에너지를 소모해야 한다. 특히 정서가 불안정한 상태에서는 감정적이고 우발적인 결정을 내리기 쉽기 때문에 매우 주의해야 한다. 또한 신경이 예민해지면서 말이 함부로 나가고 충동적이 되기 쉽다.

많은 질병과 정신적 고통은 대개 '부정적인 정서'에서 비롯된다. 미국 애틀랜타에 위치한 질병통제예방센터는 환자가 겪는 건강 문제 중 90%가 정신적 스트레스와 관련이 있다고 발표했다. 그러므로 부정적 정서를 긍정적 정서로 전환시키는 감정조절 훈련을 지속적으로 해야 한다. 잘 먹고, 잘 쉬고, 잘 자기 위해서는 좋은 정서를 갖는 것이 선행되어야 한다.

몸에 분노가 차있으면 몸을 상하게 하고 정신을 맑지 않게 만든다. 오죽하면 모든 질병 특히 암의 주원인이 스트레스라고 할까? 화가 난 상태가 지속되면 신체의 장기가 서서히 손상되면서 면역력이 현격히 떨어진다고 한다. 더불어 잠이 오지 않는 불면증이 나타나는 등 몸과 삶에 눈에 띄는 악영향을 끼친다.

심평기화心平氣和라는 말이 있다. '마음이 평온하고 기혈이 조화롭다'는 말이다. 마음의 병을 고쳐야 몸이 평온해진다는 뜻으로 해석된다. 그런데 감정을 조절하는 능력은 교양과 덕만 쌓는다고 향상되는 것이 아니다. 감정을 조절하는 능력은 몸의 건강상태와도 밀접한 관계가 있다. 몸 상태가 안 좋으면 별일 아닌 것에도 신경질적인 반응을 보이기 때문이다. 건강한 마음이 건강한 몸을 만들기도 하지만 아이러니하게도 동시에 건강한 몸이 건강한 마음을 깃들게 하는 것이다.

결론은 분노를 다스리고 조절할 수 있도록 마음을 먼저 치유

해야 한다. 성공하지 못하는 사람들의 머릿속에는 '사람'이 떠오르고, 성공하는 사람의 머릿속에는 '아이디어'가 떠오른다고 한다. 사람에 대한 화를 품고 있으면 그 사람에 대한 원망으로 건강이 나빠지고 분노가 마음을 상하게 한다. 일이 손에 잡히지 않고 밤에 잠도 오지 않는다.

　　분노와 미움은 멋진 세상을 어둡게 보이도록 만든다. 이런 마음 상태에서는 아무리 좋은 약을 써도 약효가 나타나지 않는다. 분노가 치밀어 오를 때, 두려움에 휩싸일 때 두 팔을 벌리고 하늘을 바라보며 천천히 심호흡을 해보자. 그리고 혼자 조용히 걸으면서 자신을 바깥에서 바라보는 연습을 해보자. 심호흡은 혈액과 림프액의 순환이 원활하도록 도와 마음을 안정시키는데 도움이 된다.

　　더불어 예전 일을 흘려보내는 나만의 방식을 만들어 보자. 과거의 나쁜 기억에서 벗어나 앞으로 나아가기 위해서 지금, 무엇을 해야 하는지 찾아내어 실천해 보자. 베른트는 '적당한 스트레스는 예방주사처럼 좌절을 막아준다'면서 '스트레스를 받는 시간과 긴장이 풀린 편한 시간 사이에 적절한 균형이 요구된다.'고 했다. 자신이 할 수 있는 것들에 대해 한계를 긋고 때로는 지혜롭게 거절하자. 이것이 좋은 운을 부르는 행동이다. 세상에 한 순간에 이루어지는 일은 없다. 어떤 사건이 있기 전에 반드시 그 원인들이 축적되는 시간과 단계를 거친다. 만성적인 불면증도 잘못된 습관들이 축적되어 나타나는 것처럼 안정적인 정서를 갖는 것도 꾸준한 노력이 필요하다.

호흡을 할 때 좋은 냄새 즉 향기를 맡으면 기분을 전환시키는 스위치가 켜진다고 한다. 향기는 긴장상태에 있는 교감신경을 안정화시키는데 도움이 된다. 우리 몸의 장기 중 가장 많은 공간을 차지하고 있는 것도 바로 허파뼈다. 걷다가 맛있는 냄새를 맡으면 배고픔을 느끼고 식욕이 생긴다. 반대로 나쁜 냄새라도 나면 인상을 찌푸리고 주변을 두리번거리며 피하게 된다. 이처럼 청각, 시각, 후각, 촉각, 미각 등 5가지 감각 가운데 가장 빠르게 반응하는 것이 바로 후각이다. 기분을 전환시켜 주고 스트레스를 경감시켜주는 아로마테라피 즉, 향기요법이 기억회로 조절과 정신안정 등에 영향을 미친다는 과학적 근거가 속속 보고되고 있다.

건강과 관련해서 음식보다 더 중요한 것이 있다. 우리가 가장 많이 섭취하는 건 사실 음식이 아니다. 바로 공기다. 사람들은 보통 하루에 음식 1.4kg, 물 2.3kg 정도를 섭취하지만, 공기는 15kg을 들이마신다. 며칠을 굶어도 죽지 않지만 5분만 숨을 쉬지 못하면 살 수 없다.

실내 공기가 숙면에도 영향을 준다. 어딘가에서 오염된 냄새가 난다면 잠들기 어려울 것이다. 냄새의 원인을 찾아 제거하고 창문을 열어 공기를 환기시켜 주어야 한다. 공기의 중요성은 논할 필요가 없을 정도다. 암환자가 시골이나 바닷가로 가서 생활하는 것은 좋은 공기가 치료에 도움을 주기 때문일 것이다. 냄새 분자 물질은 폐와 뇌로 흡수되고 혈액을 타고 온 몸으로 퍼진다. 우리가 아픈 곳의 통증을 느끼는 것은 뇌가 상처 입은 환부로부터 신호를 받아서 우리 몸에 통증을 느끼는 물질을 분비했기 때문이다. 즉 뇌가 가장 먼저 통증을 감지하는 것이다. 그런데 후각의 자극은 뇌 신경세포_{뉴런}를 활성화시킨다. 특히 신경세포를 재생시키는 역할도 수행한다. 그러므로 마음의 안정과 깊은 잠을 위해서 앞서 말한 감정조절 호흡법과 함께 아로마테라피 등 후각을 자극하는 요법을 사용하는 것도 좋은 방법이다.

우리는 꿈과 같은 존재이며,
우리의 짧은 삶은 잠으로 둘러싸여 있다.
– 셰익스피어

9

잠자리에서
스마트폰을 멀리 하라

개인용 컴퓨터의 보급으로 책상에 앉아서 하는 일들이 많아졌다. 데스크 탑 컴퓨터는 모니터에 다리가 있어서 그나마 낫다. 데스크 탑 컴퓨터가 노트북으로 대체되면서 거북목 등 경추질환도 늘어나기 시작했다. 눈높이보다 낮은 모니터로 인해 어깨를 숙이고 고개를 앞으로 내미는 자세를 만들게 되기 때문이다. 여기에 스티브 잡스가 만든 스마트폰의 등장은 어디서나 인터넷에 연결되는 즐거움을 선사했지만 경추질환자를 폭발적으로 증가시켰다.

요즘 지하철을 타면 승객의 90% 가량이 스마트폰을 보느라 고개를 숙이고 있다. 자신도 모르게 거북목 자세를 취하고 있는 것이다. 오랜 시간 컴퓨터로 작업을 하는 직장인, 컴퓨터 게임에 빠진 청소년들을 비롯해 스마트폰을 즐기는 사람들은 거북목과 함께 어깨를 숙여서 생기는 새우등 증후군에 노출되어 있다. 전체 산업재해 환자의 70%가 거북목, 일자목 등 경추자세 증후군과 근골격계 질환자다. 대부분 같은 자세로 오랫동안 컴퓨터 작업을 하는 사무직종이었다. 10대 목 디스크 환자의 수도 증가하고 있다. 전 국민의 경추 건강에 위험 경고등이 켜졌지만 올바른 자세에 대한 교육과 정보는 많지 않다.

차곡차곡 쌓은 것처럼 맞물려 있는 7개의 목뼈로 구성된 C자 곡선 경추는 신체의 무게중심을 잡아주며 우리 몸에서 가장 무거운 머리5kg 가량를 지탱하는 기둥이다. 또한 경추는 산소와 영양이 뇌로 공급되는 통로다. 따라서 경추가 틀어졌다면 원활한 산소공급이 이루어지지 않아 만성두통과 편두통에 시달리게 된다.

무게중심이 앞으로 쏠리면 목과 어깨 근육이 뭉치고 긴장하게 된다. 그러다 근육이 손상되면 목과 어깨에 만성통증이 생겨 고생하게 된다. 심하면 팔과 다리가 저리고 어깨를 움직이기 힘든 목 디스크와 오십견 증상으로 발전한다. 한편 상체를 구부리는 꾸부정한 자세는 새우등을 만드는데, 폐를 압박해 폐활량을 떨어뜨리고 위를 눌러 소화불량을 일으키는 원인이 된다. 게다가 몸의 무게중심이 무너지면 점차 어깨가 굽고 아랫배가 나오는 비만체형으로 바디라인이 바뀐다.

필자는 심한 어깨통증으로 인해 잠을 이루지 못할 정도로 고통을 호소하는 분들을 종종 만난다. 상담을 하면서 알게 되는 사실은 그들이 모두 같은 자세로 오랫동안 작업을 해야 하는 직업을 갖고 있다는 점이었다. 몇 시간씩 꼼짝없이 앉아서 문서작업을 하는 변호사, 책 정리로 고개를 계속 숙이고 일하는 대형서점 직원, 고개를 숙인 채 오랜 시간 외과수술을 하는 의사도 있었다.

필자도 경영자로 활동할 때는 목이나 어깨 통증이 없었다. 한자리에 몇 시간씩 앉아있지 않기 때문이다. 하지만 책을 집필하면서 통증이 나타나기 시작했다. 책상에서 몇 시간씩 원고를 쓰고 나면 곧 후유증이 나타났다. 1시간 동안 작업을 하면 일어나서 팔 다리를 펴고 목을 뒤로 제치며 스트레칭을 해야 하는데 그것을 잊으면 몸에 꼭 증상이 나타난다. 필자는 수면강의를 할 때 거북목의 위험성과 바른 자세의 중요성을 빼먹지 않고 강조한다. 그러나 그것을 잘 알고 있는 필자도 책을 쓰는 일에 몰두하다 보면 스트레칭을 잊어버리고 방심한다. 아는 것을 실천하는 것이 그만큼 어렵다.

학창시절에 공부에만 몰두한 한 청년이 있었다. 겉으로 보기에는 무척 건강해 보이는 친구였다. 같은 공동체에서 음악을 담당하고 있었는데 어느 날 그 일을 관둔다는 소식을 들었다. 목 디스크 증세가 심해져서 병원에 입원해야 한다는 것이다. 평소 목 부위가 안 좋다는 얘기는 들었는데 입원까지 할 줄은 생각지도 못했다.

목 디스크는 목에 통증을 일으키는데 국한되지 않는다. 경추와 연결된 어깨와 척추 등 근골격계 전반에 나쁜 영향을 끼친다. 심지어 우울증의 원인이 되기도 한다. 통증으로 인해 활동하는 것이 힘들어지고 밤에도 정상적인 수면이 불가능해지기 때문이다. 이렇듯 질이 안 좋은 잠이 하루 이틀 누적되다 보면 어느새 의욕상실로 이어진다. 합병증이 더 무섭다. 병원에서는 무시무시한 후유증 얘기로 잔뜩 겁을 주기까지 한다. 왜 이런 지경까지 온 것일까? 부모님의 기대에 부응하기 위해 공부에만 신경을 쓴 결과였다. 한편으로는 잘못된 자세가 병을 부른다는 사실을 잘 몰라서 생긴 병일 수도 있다. 아무도 그 친구에게 자세의 중요성에 대해 말해주거나 지적해주지 않았다고 한다. 성적에만 관심을 뒀지 공부하는 자세에는 아무도 관심이 없었다.

경추를 보호하기 위해서는 경추를 보호하고 수면을 도와주는 베개를 사용하는 것이 좋다. 거북목과 새우등 증후군을 예방하기 위해 직장과 집에서 스트레칭을 꾸준히 실천해야 한다. 무심코, 때로는 편하고 익숙해서, 자신도 모르게 머리를 숙인 채 스마트폰이나 컴퓨터 작업에 열중하고 있다면 거북목과 새우등 증후군에 노출되어 있음을 명심하자. 특히 10대 청소년들에게 긴장된 목과 어깨를 풀어주는 바른 자세를 알려줘야 한다.

내 손안의 작은 컴퓨터 스마트폰이다. 2007년 1월 9일 애플의 스티브 잡스가 기존 휴대폰을 대체할 거라며 전화가 아닌 아이폰을 처음으로 들고 나왔다. 자판이 없어지고 엄지손가락 터치만으로 작동하는 방식이다. 스티브 잡스가 직접 프레젠테이션 하며 구글지도와 연결한 주변의 스타벅스 커피점에 전화를 걸어 주문하던 시연이 인상 깊었다.

최근 들어 인터넷 쇼핑도 모바일이 주도하고 있다. 업무처리는 물론 일상 대화, 쇼핑, 여가 등 삶의 모든 부분에서 스마트폰을 빼고는 생각할 수 없는 세상에 살고 있다. 늘 끼고 살기에 행여나 배터리 산량이 부족하나는 표시가 뜨면 왠지 불안한 마음까지 든다. 잠시 연락이 되지 않는다고 큰 문제도 없을 텐데 말이다. 필자도 솔직히 예외는 아니다.

여러 장점이 많은 스마트폰이지만 수면을 방해한다는 치명적인 문제점을 안고 있다. 미국 미시간주립대학교의 시간생물학자 러셀 존슨은 '스마트폰이 우리의 잠을 망치고 있다'고 말한다. 그는 연구를 통해 밤늦게까지 스마트폰을 들여다보는 행동이 멜라토닌 분비를 방해한다는 사실을 발견했다. 그에 따르면 '밤 9시 이후 스마트폰을 사용하면 다음날 몸이 무겁고 능률이 저하된다.'고 한다. 따라서 밤늦은 시간까지 스마트폰을 사용하지 말라고 권고한다. 그렇게 되면 질 좋은 수면을 누릴 수 없게 된다.

우리 몸은 밤이 되면 체온이 내려가고 혈액순환이 느려진다. 그러면 졸음이 몰려온다. 수면호르몬인 멜라토닌이 분비되면서 몸이 수면모드로 들어가 자연스럽게 몸과 뇌가 휴식을 취하게 되는 것이다. 하지만 눈으로 투과된 블루라이트청색광는 각성효과가 있어 입면 단계를 늦추는 역할을 한다. 그 여파로 깊은 잠이 3시간이나 늦어진 다는 연구결과도 있다.

나이트 기능이나 여러 차단 앱으로 빛의 밝기를 조절하려고 노력하지만 완전한 해결책이 되지는 않는다. 침실에서 한 사람이 스마트폰 빛을 내면 같이 자는 사람도 빛 공해로 수면을 방해받는다. 스마트폰의 빛 공해도 문제지만 뉴스, 메일, 페이스 북, 카톡 등을 확인하며 뇌가 활성화되면 잠이 달아나 버리게 된다. 내용을 읽으면서 머리를 쓰게 되기 때문이다. 필자도 예전에는 잠들 때 스마트폰을 손에서 놓지 않았다. 침대에 누워 뉴스와 SNS를 확인했다. 그런데 그로 인해 잠이 드는 시간이 길어지고 잠의 질도 낮아지는 것을 느꼈다. 다음날은 자고 일어나도 피곤이 잘 풀리지 않았다. 그러다가 블루라이트가 잠을 방해한다는 연구결과를 접하고는 잠을 잘 때 스마트폰을 멀리하기로 결단했다. 스마트 폰의 빛이 수면에 안 좋은 영향을 미치는 것을 알면서도 스마트폰의 유혹을 떨쳐버리기란 쉽지 않았다. 늦은 밤까지 멍하니 스마트폰을 만지작거리고, 퇴근 후 TV나 노트북 앞에 앉아 많은 시간을 보낸다. 그러다 보면 전자기기가 내 뇌를 온통 지배한다는 느낌이 들 때도 있다. 그래서 필자는 큰 결단을 내렸다. 매일 밤 자기 전에 한 시간 정도 책을 읽기로 한 것이다. 펜으로 줄을 치고 메모를 하면서 졸음이 몰려오면 편안하게 잠자리에 들 수 있었다.

잠자리에서 스마트폰을 끊으려 노력하는 중에 며칠 동안 금단현상을 경험하기도 했다. 세상에 무슨 일들이 있어나고 있는지 궁금하고, 세상에 뒤처지는 것은 아닌지 불안하기까지 했다. 하지만 아무 일도 일어나지 않았고 다음날 확인해도 아무 문제가 없었다.

하루 일과를 마치고 내일을 맞이하기 위한 잠, 잠들 때만큼은 삶의 부게를 내려놓고 생각을 멈추는 습관을 가지자. 삼사일기를 쓰거나 가벼운 스트레칭으로 하루를 위해 수고한 내 몸과 마음을 격려해 주자. 낮에도 이미 충분히 본 스마트폰을 잠자리에서만큼은 떨어뜨려 놓자. 하루 종일 피곤했던 눈을 쉬게 해주자. 그러면 잠드는 시간이 빨라지고 깊은 잠은 활기찬 내일을 맞게 해줄 것이다.

낮의 일은 낮의 일 일뿐, 그 이상도 이하도 아니다.
그것을 지키는 사람은 그 사람이 농부이건 화가이건
낮의 양식과 밤의 휴식 그리고 여가를 필요로 한다.

― 조지 버나드쇼

10

자신에게 맞는
수면법을 찾아라.

    현대인들은 잠에 굶주려있다. 분주한 일에 쫓기다 보니 어느새 수면부족이 일상이 되어 버렸다. 훌륭한 투수의 요건은 공을 다른 사람보다 빨리 던지거나 스트라이크를 던지는 능력뿐만이 아니다. 마운드에 올라 타자와 기 싸움을 해야 한다. 그런데 잠을 충분히 자지 못한 투수는 기 싸움에서 밀릴 뿐 아니라 정보를 분석하는 능력도 떨어진다.

    평소 잠의 질이 좋지 않아 고민이라면 '나는 잠을 잘 수 있다.'라는 자기 암시를 해보자. 그리고 아침에 일어나면 '나는 잘 잤다.'하고 외치며 기지개를 켜보자. 침대에서 잠을 못 이루고 엎치락뒤치락한 시간을 대수롭지 않게 여길 수만 있다면 어떤 면에서 그 시간도 잠을 잔 것과 같은 효과가 있다고 말하는 수면전문의도 있다. 이처럼 먼저 수면에 대한 자신감을 되찾는 것이 중요하다.

기분 좋은 기상은 기분 좋은 수면을 이끌어낸다. 그 반대도 마찬가지다. 각성과 수면은 서로 연결되어 작동하는 한 몸과 같기 때문이다. 낮에 태양이 있고 밤에 달이 있듯이 우리 몸의 생체시계는 지구 자전활동과 어울려 일주기가 맞춰져 있다. 낮에는 각성하여 활동하고, 밤에는 안정을 취하며 잠을 잔다. 각성과 잠은 이렇게 서로 연결되어 영향을 주고받는다. 충분한 수면시간을 확보하기가 어려운 경우라면 수면의 질을 높여 낮 시간 동안의 능률을 올리는 방법을 사용하자.

주변에 보면 불면증을 없애려다 오히려 병이 깊어지는 경우가 있다. 서둘지 말고 조금 천천히 자신을 인정하고 받아들이는 것부터 시작하자. 자신의 문제를 무작정 제거하려는 것보다 우선 내 몸의 일부와 같은 것들과 친해지라고 말하고 싶다. 왜 나에게 이런 문제가 있는 건지 우선 나 자신과 얘기를 해 보는 거다. 그 후에 만성적인 수면부족, 불면증 같은 불청객을 길들여 발전적인 미래를 열어가는데 활용할 수 있다. 이 또한 흥미로운 도전이 되지 않겠는가?

자연과 연결하는 의식적인 행동으로 수면의 질을 높이려는 시도가 좋은 결과를 얻는 사례가 있다. "화성에서 온 남자, 금성에서 온 여자"의 저자 존 그레이 박사는 인체에는 전기가 흐르는데 이 전기가 지구에도 흐른다는 사실을 알게 됐다. 그는 경험을 통해 맨발로 모래사장이나 잔디밭을 걸을 때 발에서 미묘하게 전달되는 느낌이 있는데 그렇게 하고 나면 숙면을 취할 수 있게 되고 몸 상태도 호전된다고 했다. 이처럼 접지를 통해 바깥으로 배출되는 전기장을 조절해 수면, 통증, 신체리듬을 개선하고 꾸준한 효과를 얻는 사례들이 있다. 이 밖에도 잃어버린 잠을 찾기 위한 인류의 노력은 계속되고 있다.

TV를 켜 놓은 채 잠이 드는 사람이 의외로 많다. 잠이 오지 않을 때 TV에서 나는 소리를 들으면 오히려 잠이 잘 온다는 나름의 수면법이다. 그런 사람들은 TV 소음과 화면 조명이 있어도 잠을 잘 잔다. 그 이유가 뭘까?

기차나 자동차를 타고 가다 보면 스르륵 잠이 오는 현상이 있다. 일정하고 단조로운 리듬이 사람의 마음을 안정시키는데, 이를 'f분의 1진동'이라고 한다. 이 진동은 규칙적인 소리와 불규칙인 소리 사이에 존재하는 것으로 알려져 있다. 심장박동, 호흡, 논렘수면 등에서 나타나는 뇌파도 f분의 1진동 리듬을 탄다. 물론 이 진동이 있다고 해서 무조건 잠이 오지는 않는다. 이 진동과 리듬에 자연스럽게 몸과 마음을 맡겨야 잠이 오는 것이다.

주변에서 평소 수면의 질이 좋지 않은 사람들을 보면 대부분 밤에 잠이 오지 않아 늦은 시간까지 TV를 보다가 지쳐서 잠이 드는 경우가 많다. 예민한 사람은 도중에 TV를 끄다가 잠이 깨기도 한다. 렘수면으로 얕은 잠을 자고 있어서 쉽게 잠이 깨는 것이다. 일정한 시간이 되면 TV가 자동으로 꺼지도록 하는 게 좋다. 어떤 소리가 들려야 잠이 들기 좋다면 클래식이나 수면에 도움을 주는 잔잔하고 단조로운 음악으로 대체하기를 권한다. 차츰 수면의 질이 좋아지는 것을 느낄 수 있을 것이다. 밤늦게까지 집중해서 일을 하고 온 날이나 각종 행사에서 밝은 조명과 박수를 받은 날은 잠자리에서도 뇌가 흥분 상태에 있다. 즉 각성 상태로 뇌가 쉽게 잠들기를 거부한다. 이때 위스키 등 알코올 도수가 높은 술을 한 잔 마시면 잠이 잘 온다는 사람이 있다. 순간적으로 체온이 올랐다가 서서히 내려가기 때문이다. 심장박동이 느려지면서 부교감신경이 작동하여 잠이 드는 것이다.

술이 잠에 안 좋다지만 지혜롭게 사용하면 약이 되는 경우가 있다. 물론 사람마다 다르기 때문에 누구에게나 적용할 수는 없다. 맥주나 와인 등은 잠자기 2~3시간 전에 마시는 게 좋다. 너무 늦게 마시면 이뇨현상으로 소변을 보기 위해 잠이 깨는 등 깊은 잠을 방해해 수면의 질이 현격히 떨어진다. 또한 흡연은 체온을 떨어뜨린다. 불면증에 시달리는 사람은 저체온일 경우가 많다. 담배를 끊는 등 심부체온을 꾸준히 올리는 시도를 하면서 불면증에서 벗어난 사람도 많이 봤다.

우리는 추우면 저체온증으로, 더우면 고체온증으로 잠을 못 잔다. 사람에 따라 주위가 시끄러워서 잠을 설치거나 반대로 너무 조용해서 잠을 못 이루는 경우도 있다. 밝아서 잠을 못 자는 사람이 있는 반면 어두워서 잠을 못 자는 사람도 있다. 이처럼 개인별로 자신에게 맞는 수면환경이 다르다. 그러므로 자기에게 맞는 수면법을 스스로 찾아야 한다. 남이 효과를 봤다고 해도 동일하게 적용되지 않는 경우가 많다. 병이 오래 전부터 해 온 나쁜 습관이 축적된 결과인 것처럼 몸과 마음이 좋아지는 것도 바른 습관을 계속해서 지속적으로 축적돼야 효과가 나타난다.

머칠 해 보고 효과가 없다고 포기하시 말사. 삼들고 일어나는 습관을 꾸준히 개선하자. 자신에게 맞는 방법을 찾을 때까지 새로운 시도를 해보자. 그러는 사이에 수면의 질은 높아진다. 잘 자는 것이 얼마나 큰 혜택이며 남다른 인생을 살게 하는 원동력인지 맛보길 기대한다.

수면 전문가의
숙면 가이드

침 대

황병일

내가 태어난 곳
내가 사랑한 곳

삶의 무게를 받아준다.
그 곳은 둥지 안 매트리스

허리 펴고 다니도록
길게 뻗게 하는 쉼 공간

마법의 양탄자를 타고 잠으로
밤새 움직여도 군소리없는 친구

고맙다, 침대야

1 당신이 일어나고 싶은 시간과 잠드는 시간을 정해 봅시다. ◯

2 하루에 햇빛을 보며 걷는 시간이 얼마나 됩니까?
햇빛샤워를 위한 계획을 세워봅시다. ◯

3 체온 리듬에 대해 안다면 잠들기에 적합한 체온을 만들기 위해
개선해야 할 수면 습관은 무엇입니까? ◯

4 당신의 생활습관 중 교정해야 할 자세가 있습니까?
당신이 매일 마시는 것들을 점검해 봅시다.
수면에 도움이 되는 것들입니까? ◯

5 잠자리에서 걱정 없이, 평정심을 가지고,
편안하게 잠들기 위해 당신이 실천해야 할 것은 무엇입니까? ◯

6 당신에게 최상의 수면패턴은 무엇입니까? ◯

무릎 잠

정호승

어머니 설거지를 끝내고
창가에 앉아
돋보기를 끼고 찬찬히
아침 신문을 보실 때
나는 슬며시 어머니 무릎을 베고
잠이 든다.
창 밖엔
개나리가 피었다.

PART

나 그리고 가족을
지키는 잠

잠, 죽음의 작은 조각들이여 —
어떻게 싫어할 수 있겠는가.

— 에드가 앨런 포

1

부부를
사랑하게 만드는 잠

　　예전부터 결혼식 주례사에 빠지지 않는 내용이
있다. '부부싸움을 하더라도 각방은 절대 쓰지 마라! 서로 살을 부대끼
며 살아야 미운 정 고운 정이 든다.' 부부 간 공간이 멀어지면 부부 사이
도 멀어진다는 고리타분한 주례사였다. 그런데 과연 그럴까? 필자는 부
부가 붙어서 자야 한다는 일종의 의무를 지우는 말에 의구심이 들기 시
작했다.

　　행복하게 결혼생활을 유지하고 전혀 문제가 없어 보이는 부
부가 잠은 따로 자는 경우가 의외로 많았다. 자나 깨나 붙어살아야
금실이 좋다는 말은 그냥 오래 전부터 전해 내려오는 전설이라는 생
각이 들었다. 너무 재밌게 사는데 잠은 따로 자는 부부가 찾아보니
생각보다 많았다.

　　물론 물어보는 필자를 민망하게 만드는 경우도 있었다. '아직

도 부부가 같이 자? 가족이 그러면 안 돼'라며 웃음 섞인 농담을 건네는 사람도 있었다. 연예할 때는 같이 있는 시간이 짧게 느껴지고, 만난 지 얼마 안 된 것 같은데 각자의 집으로 가야 하는 애틋한 헤어짐이 있었다. 결혼 후에도 한동안은 남편의 코골이도 자장가처럼 들릴 때가 있었다. 같이 있으면 해도 좋았으니까 말이다. 하지만 세월이 지나고 아기를 갖게 되면서 예민해진 아내의 신경을 건드리지 않기 위해 남편은 무진 애를 쓰게 된다. 이때 기분을 잘못 맞추거나 조금이라도 서운하게 하면 큰일이다. 아내가 그것을 평생 써 먹는다는 무시무시한 얘기를 종종 들어왔기에 더 긴장하게 된다.

아이가 태어나면서 부부는 각방을 써야 하는지, 같이 잠을 자야 하는지 선택의 기로에 서게 된다. 병원에서 퇴원해 집으로 돌아와서 갓난아이와 같이 자는 것은 정말 힘든 일이다. 밤새 수시로 울어대면 젖병을 물리고, 기저귀도 갈아야 하고… 며칠을 그렇게 보내고 피곤한 상태로 출근하면 정신이 몽롱하기까지 했다. 자식임에도 불구하고 갓난아이를 키운다는 것은 보통 일이 아니었다. 이때부터 남편이 아침에 출근을 해야 한다는 이유로 각방을 쓰는 경우가 생긴다. 이처럼 결혼 후 임신과 출산과 같이 자연스런 원인으로 부부가 따로 자는 경우가 생긴다. 그러나 간혹 배우자의 수면습관, 지나친 음주 등으로 숙면을 방해받지 않기 위해 각 방을 쓰기도 한다. 몇 년을 산 부부는 더운 여름에 배우자가 곁에 오는 것만으로도 체온이 전달되어 잠을 방해받는다. 그렇다면 부부가 어떻게 자야 아내와 남편, 모두 수면의 질을 높일 수 있을까?

　사실 필자도 이 문제는 정답을 줄 수 없다. 다만 수면을 방해할 정도의 소음이나 뒤척임이 아니라면 부부가 한 침대를 사용하는 게 좋다고 생각한다. 하지만 그 정도의 차이가 있을 수 있기에 부부간 대화로 나름의 해결 방식을 찾는 것이 중요해 보인다.

　이쯤에서 다시 생각해 보자. 부부가 꼭 같이 붙어서 자야 금실이 좋은 것인가? 현실과 맞지 않는 잣대를 가지고 강요할 필요는 없어 보인다. 부부 각자의 생활 방식과 배우자의 습관, 사랑의 방식에 따라 좌우되는 것이지 각 방을 쓰는 부부를 이상하게 보면서 문제가 있는 부부로 여기는 것은 적절하지 않다. 각자 만족하고 행복하면 그만인 일이 아닐까 싶다.

　간혹 캠프나 수련회를 가면 넓은 방에서 함께 잠을 자는 경우가 있다. 그때 만일 옆에 코를 심하게 고는 사람이 자게 되면 그날 밤은 최악이 된다. 숙면은 커녕 밤새 뒤척이며 밤을 새우게 되기 때문이다. 한 여성은 코를 고는 것이 흠이 될까봐 밖에서 잠을 자는 것을 꺼려하고 심지어 그런 일이 생기면 아예 잠을 자지 않고 밤을 꼬박 새운다는 말을 들었다. 그런데 사실 여성이 수면무호흡증코골이으로 수면클리닉을 찾는 비율이 20% 정도를 차지하고 있다고 하니 적지 않은 여성이 코골이로 고민하고 있는 셈이다. 물론 수술로 해결할

나 그리고 가족을
지키는 잠

수도 있지만 코골이는 기도를 넓히는 수술을 했어도 그 효과가 1년을 넘기 어렵다. 물론 사람에 따라 다르지만 말이다.

배우자의 코고는 소리에 신경 쓰지 않고 자는 것이 가능할까? 신혼에는 그 소리가 자장가처럼 들릴 수도 있겠지만 밤새 잠을 못 이루다가 남편이 출근하고 나면 낮에 소파에 누워 못 잔 잠을 보충하는 경우도 있다. 전업주부라면 그럴 수도 있겠지만, 맞벌이 부부라면 그 피해는 고스란히 배우자에게 간다. 이는 만성피로의 원인으로 의욕감퇴와 건강 이상을 가져온다. 여성 중 상당수가 남편의 코골이나 잠버릇 때문에 잠을 제대로 잘 수 없어 갈등이 생긴다고 호소한다. 침대를 따로 쓰길 원하지만 남편이 오해할 것 같기도 하고, 예민한 자신에게 문제가 있다고 생각할까 봐 말도 꺼내지 못하고 어쩔 수 없이 한 침대를 쓰고 있는 것이다. 그러면서 잠이 부족한데 어떻게 하는 게 좋을지 모르겠다며 고민을 털어놓는다.

사랑하는 사람과 침대를 함께 쓰는 것이 섹스에는 좋지만, 그 밖에는 좋지 않다는 과학적 주장이 나오면서 화제가 되었다. 서리대학 수면연구자 닐 스탠리Neil Stanley 교수는 자신은 아내와 같은 침대에서 자지 않는다며 각자 자신의 침대에서 자는 방안을 신중하게 검토하는 것이 좋을 것이라고 주장했다.

보통 사람들은 배우자의 곁에서 잠을 자기를 원한다. 그런데 통념에서 벗어난 흥미로운 연구가 시작됐다. 여러 날 동안 부부가 잠을 자는 모습을 관찰한 것이다. 실험 중 절반은 각 쌍을 분리시켜 각자의 방에서 잠을 자게 한 후, 공동의 침대로 돌아와 휴식을 취하게 했다. 실험 참가자들은 배우자 옆에서 잤을 때 훨씬 잘 잤다고 응답하는 경향을 보였는데, 뇌파는 다른 이야기를 했다. 혼자서 잘 때 밤중에 깰 가능성이 더 낮았을 뿐 아니라, 깊은 수면 단계에 빠지는 시간이 30분 더 길다는 것을 보여주었다. 그 이유는 더블베드에서 자는 것이 싱글베드에서 자는 것보다 공간이 25cm나 부족하고, 상대방이 이불을 발로 차거나 침대에서 돌아다니거나 코를 골거나 화장실에 들락날락거리는 행동으로 인해 잠을 푹 자지 못하고 깨는 일이 적다는 것이다.

이 실험을 토대로 스탠리 교수는 부부가 침실을 따로 쓰되, 서로가 원할 때 껴안고 사랑을 나누기 위해 조용히 걸어오는 게 더 좋지 않겠냐고 말했다. 그의 발언은 폭발적인 반응을 이끌어냈다. 부부가 한 침대에서 자는 것이 당연하다는 통념을 깬 것이기 때문이다. 상대방의 코골이뿐만 아니라 서로 다른 체온의 변화와 그에 따라 서로 다른 수면 온도와 이불 두께, 조명, 소리 등의 수면 조건으로 인해 매일 밤 전투를 치르며 잤던 부부들이 표현하지 못했던 불만을 과감히 입 밖으로 꺼내기 시작했다. 이 때문에 닐 스탠리 교수는 유명해졌다. '세상에서 가장 사랑스러운 사람조차도 잠자는 시간이 되면 자신의 공간을 빼앗는 적으로 변할 수 있다'는 그의 말이 화제가 되기도 했다.

　지금까지 전통적인 관점에서 부부가 따로 자는 것은 결혼생활에 문제가 있다는 조짐으로 인식해 왔다. 그러나 점차 그렇게 될 수밖에 없는 현실을 간과해온 것도 사실이다. 물론 사랑하는 사람 옆에서 자는 정서적 안정이 있다. 그러나 한편으로는 자신의 곁에 누워있는 배우자의 고통을 무시해온 것은 아닌지 생각해 봐야 한다. 부부가 따로 자는 것은 단지 잠을 잘 자기 위해 잠시 떨어지는 것일 뿐 결혼생활에 문제가 있어서가 아님을 새롭게 인식할 필요가 있다. 오늘 밤 부부가 자신의 수면 조건에 대해 대화를 나누고 침대 공유를 벗어나 각자의 침대에서 잠을 자는 시도를 해보는 것은 어떨까?

　자라온 환경과 습관이 다른 두 사람이 함께 살기 시작하면 불편한 것도 있는 게 사실이다. 우선 식사 준비, 청소, 설거지, 빨래 등 내 몸 하나 챙겼던 때와는 일거리가 전혀 다르다. 별로 신경 쓰지 않았던 소소한 것들이 일거리가 되어 웃지 못할 체험 삶의 현장이 된다. 또 하나 크게 바뀌는 것이 생활환경이다. 침대 사이즈가 달라졌고 이불 크기가 커졌다. 베개도 침대에 두 개가 올라간다. 그런데 꿈에 그리던 일이 현실로 일어나면 과연 행복할까?

　평소 게임을 즐기다가 밤늦게 자는 올빼미형 신랑이랑 일찍 자고 일찍 일어나는 종달새형 신부가 만나면 실제로 곤란한 일이 발생한다. 만일 당신이 배우자와 수면습관이 유사하다면 그야말로 행운이다. 수면습관이 반대인 경우는 정말 애로사항이 많다. 자고 싶은데 배우자가 늦은 시각까지 TV를 시청하고 침대에서 스마트폰을 놓지 않는다면 어찌될까? 불만이 쌓일 수밖에 없다. 낮에 열심히 일하고 몸이 피곤해서 일찍 잠자리에 들고 싶은데 배우자가 잠자리에 들 생각이 전혀 없다면 먼저 자는 것도 쉽지 않다.

수면 중 외부 소음과 밝기에 대한 민감성에도 차이가 있다. 잠이 들면 누가 업어 가도 모르게 자는 사람이 있는 반면, 잠귀가 밝아 작은 인기척에도 잠이 깨는 사람이 있다. 한밤중 화장실에 가려고 불이라도 켜면 순간적으로 상대방이 잠에서 깨는 것이다. 또 한번 깨면 다시 잠들기가 어려워 밤을 새는 사람도 있다. 그만큼 수면 리듬과 민감성은 서로 다르다. 부부가 서로 배려하고 맞춰 살면 문제가 되지 않지만 그게 말처럼 쉬운 것은 아니다. 이미 오래 전부터 몸에 체화된 습관과 뇌의 각성이 다르기 때문이다. 따라서 결혼생활을 시작하면서 서로의 수면 리듬과 패턴을 진지하게 얘기할 필요가 있다. 행복한 결혼생활을 위해서는 수면습관에 대해 역지사지로 상대방을 존중하며 소통해야 한다.

방송에 나온 한 연예인은 평소 수면제를 복용하고 잠을 자는 습관이 있었다고 한다. 다음날 일정, 대사, 촬영 시 조명 등으로 신경 쓸 것이 많기 때문에 각성 상태가 지속돼 쉽게 잠을 이루지 못했다고 한다. 그런데 결혼 후 배우자와 한 침대를 쓰면서 수면제 없이도 금세 잠이 들어 배우자가 코를 고는지 안 고는지도 모를 정도라고 하면서 웃었다. 매우 행복해 보이는 모습이었다. 사랑의 온도가 마음의 안정과 숙면으로 안내해 준 것이 아닐까 싶다. 그 연예인의 배우자 역시 평소 수면제를 먹던 사람이라고 상상할 수 없을 정도로 잠을 잘 잔다며 놀라워했다. 필자도 그 방송을 보면서 결혼과 함께 불면증이 싹 사라진 것이 몹시 신기했다.

배우자가 잘 자야 결혼생활이 행복하다. 그러기 위해서는 상대방의 수면습관을 잘 알아야 하고, 그에 대해 그만큼 배려해야 한다. 그래야 사랑도 깊어지지 않을까 싶다. 사실 안다는 것만으로도 불편함이 상당 부분 감소하기도 한다. 오늘부터 서로 이야기하며 부부에게 꼭 맞는 수면방식을 찾아보길 제안해 본다. 부부의 사랑은 현실적인 삶일 테니 말이다.

2

|

잘 자는 아기,
행복한 엄마

아기가 태어났을 때 엄마와 아빠는 생애 가장 벅찬 순간을 맞이한다. 요즘은 출산 후 얼마간 산후조리원에서 엄마와 아기가 함께 지낸다. 그동안은 아빠가 일 나가고 없어도 아기를 돌봐주는 분이 있어서 엄마는 지낼 만하다. 문제는 산후조리원을 나와 집으로 돌아온 이후다. 가사와 육아를 도와주는 사람이 없는 경우 정말 힘든 시간이 기다리고 있기 때문이다. 수시로 울어대는 아기와 밤새 시달린 엄마는 기진맥진이다. 아빠도 자는 둥 마는 둥 밤을 보내고 비몽사몽으로 출근하기 바쁘다. 이런 생활이 누적되다 보면 그렇게 예쁘게 보였던 아기가 차츰 원망스럽기까지 하다. 전쟁이 따로 없다. 때로는 아기로 인해 부부싸움이 생기기도 한다. 잠을 제대로 못 자면서 엄마는 엄마대로, 아빠는 아빠대로 극심한 피로가 쌓이기 때문이다.

성인의 수면패턴을 닮아가기 전까지 아기는 자고 먹고, 자고 먹고를 반복하며 하루를 보낸다. 문제는 낮과 밤 구분 없이 먹고 자기를 반복하기에 잠 못 자는 엄마는 힘들다 못해 죽을 지경이다. 생후 6개월이 지나야 성인처럼 논렘수면Non-REM을 포함한 수면의 4단계가 생긴다. 하지만 어른과 비슷한 수면패턴이 완전히 확립되려면 3~4세는 되어야 한다. 6개월 미만까지는 렘수면REM이 50% 정도를 차지하다가 차츰 어른과 같이 렘수면이 30%에 근접하게 된다. 또한 보통 성인은 90분의 수면 주기를 갖는데 비해 아기는 45~60분의 짧은 수면 주기를 가지고 있다. 그래서 아기가 자주 잠에서 깨는 것이다.

아기는 자고, 먹고, 놀고, 다시 자는 과정을 반복하며 자란다. 필자의 가족은 아이가 셋이다. 특히 첫째가 쌍둥이였는데 아내가 정말 고생을 많이 했다. 두 아이가 먹는 젖병이 20개가 넘었다. 직장에서 일하다 지친 몸으로 집에 돌아오면 반기는 것은 산더미 같이 쌓인 젖병이었다. '젖병이 언제쯤 줄어들까?' 이런 생각을 하면서 그 시기를 지냈다.

쌍둥이가 동시에 울어댈 때는 정신이 없었다. 아기는 원래 그러면서 크는 거라며, 그렇게 지내다 보면 시간이 간다는 어른들의 말이 참 야속했다. 아내는 파김치가 됐다. 출근하는 남편을 위해 혼자서 밤새 아기를 돌봐야 했기에 말할 수 없이 힘들어했다. 산후우울증이라도 올까봐 걱정이었는데, 다행히 옆으로 이사 온 처제와 이웃이 돌봐주면서 아내의 얼굴이 좋아지기 시작했다. 차츰 젖병 개수가 줄어들면서 아기로 인해 웃음꽃이 피어났다. 뒤집기, 기기, 일어서기, 걷기로 이어질 때마다 박수치며 신기해했다. 그간 힘들었던 과정이 눈 녹듯 사라지며 사랑스런 아기만 보이기 시작했다. '만약 그때 아기의 수면패턴에 대한 지식이 있었더라면 혹독했던 시기를 견뎌내는데 도움이 됐을 텐데' 하는 아쉬움이 있다. 육아(育兒)는 육아(育我)라는 말이 있나. 그럼에도 성인과 다른 아기의 수면패턴만 알아도 좀 더 수월하게 그 시기를 지날 수 있다.

"온 동네 떠나갈듯 울어 젖히는 소리 내가 세상에 첫 선을 보이던 바로 그날이란다." 1980년대 가수 '가람과 뫼'가 불렀던 '생일'이라는 노래에 나오는 가사다. 필자는 골목에서 한 집 건너 한 집 아기 울음소리가 나던 시절에 자랐다. 그런데 "요즘 아기 울음소리를 통 들을 수 없어요." 수면 강의시간에 한 고객으로부터 들은 얘기다. 아기를 낳는 부부가 적어진 이유도 있겠지만, 아기를 너무 귀하게 키우는 육아 방식 때문이기도 하다. 아기가 울기만 하면 바로 안고, 업고, 젖병을 물리니 아기가 울 틈이 없는 것이다.

요즘 부모들은 아기가 울면 큰일이라도 난 양 안절부절 못한다. 조부모가 계시면 더 하다고 한다. 얼마나 사랑스러운 손주일까 짐작이 간다. 그런데 이렇게 자란 아기는 나쁜 수면습관을 가질 가능성이 많다. 울기만 하면 다 들어주니 당연히 버릇도 나빠질 수 있다.

아기가 우는 이유는 배고파서, 졸려서, 젖은 기저귀로 불편해서, 아파서 등 여러 가지다. 자면서 꿈을 꾸다가 울기도 한다. 옛말에 우는 아기가 커서 노래를 잘 한다는 말이 있다. 한 노래 강사가 그 이유를 설명하는데 고개가 끄덕여졌다. 악보에는 쉼표가 있다. 노래를 하다가 반 박자, 한 박자씩 쉴 때 순간적으로 코로 숨을 쉬어야 한다. 그런데 울면서 훌쩍훌쩍 코로 숨을 쉰 아이는 어렸을 때 이 훈련이 잘되어 있어 노래를 잘 한다는 얘기였다.

아기는 배가 고프면 손을 입에 넣고 입을 오물거리기 시작한다. 그러나 엄마가 알아차리지 못하면 점차 칭얼거리고 결국 울음을 터뜨린다. 울음소리가 점점 커지다가 마침내 악을 쓰는 단계로 접어든다. 초보 엄마가 배고픔을 알리는 아기의 신호를 인식하는데 서툰 것은 당연하다. 그래도 너무 조급해할 필요는 없다. 아기가 어느 정도 불편을 견디면서 크도록 기다려주는 육아는 아기의 인지능력 발달에 좋은 영향을 미친다. 소아수면전문의는 이런 육아법이 계획을 세우거나 결정을 내리도록 주관하는 전두엽을 발달시켜 행동과 감정을 조절할 수 있도록 만들고 창의력 발달에도 도움이 된다고 말한다. 필자도 수면사업을 통해 공부를 하면서 알게 되었다. 미리 알았다면 초보 부모가 겪어야 했던 어려움에 당황하지 않고 여유를 가지고 육아를 했을 것이다.

첫 아기를 집으로 데리고 와서 잘 자던 아기가 갑자기 울어대는데, 어떻게 해야 할지 몰라 둘 다 안절부절 했다. 아기가 아파서 우는 건지, 배고파서 우는 건지 도대체 알 수가 없었다. 무조건 안고 흔들며 젖병을 물리기에 바빴다. 울음을 그치지 않던 아기는 그러다 언제 울었느냐는듯 조용해지며 쌔근쌔근 잠들기를 반복했다.

아기가 하루에 우는 시간이 평균 5시간이나 된다고 한다. 아기의 울음은 일종의 자기 의사 표현이다. 그러나 우는 아기를 울게 놔두는 것이 막상 쉽지 않다. 그냥 보고 있으면 불안하기까지 하다. 전문가는 오히려 울게 놔두고 조금 늦게 아기에게 다가가라고 조언한다. 운다고 바로 안아주지 말고 만져주는 등의 단계를 밟는 게 좋다고 한다. 아기 스스로 잠잠해질 때를 기다리는 게 좋은 성격 형성에 도움이 된다는 것이다.

그런데 만약 아기가 졸려서 우는데 그 신호를 못 알아들으면 어떤 일이 생길까? 졸려서 우는 아기에게 금세 젖병을 물리고, 안고 흔들면서 아기의 잠을 다 쫓고 만다. 심지어 정신없이 돌아가는 스마트폰 화면을 뚫어지게 보게 한다. 이 경우 아기가 점차 수면부족에 빠질 수 있다. 아기가 겪는 수면부족은 인지능력 발달과 성격 형성에 영향을 끼치기에 성인보다 더 큰 문제가 된다. 수면습관은 사람마다 조금씩 다르겠지만 성인이나 아이나 좋지 않은 수면습관을 갖고 있으면 피곤하고 힘들다.

아기는 알게 모르게 엄마가 만들어 준 수면습관이 가지게 된다. 아기의 수면습관을 엄마가 전부 결정하는 것이다. 아기의 수면습관은 타고 나는 것이 아니라 반복적인 행동을 통해 만들어진다. 습관은 축적되어 삶에 깊숙하게 자리 잡으면 인생에 영향을 미친다. 아기의 수면에 대해 지식이 부족한 부모 밑에서 자란 아기는 잘못된 수면습관을 갖게 되기 십상이다. 생각 없이 한 부모의 행동 때문에 아이가 나쁜 습관을 갖게 되기 때문이다.

누구나 졸리면 자연스럽게 잠자리를 찾아 잠이 든다. 아기도 마찬가지다. 아기가 스스로 잠드는 방법을 터득하지 못한 시기에는 졸리면 보채고 울겠지만, 어느 날부터 아기는 피곤하고 졸리면 스스로 잠들 줄 아는 단계에 도달한다. 쉽고 빠르게 잠드는 방법을 찾는 데 아기마다 시간차가 있겠지만 부모는 아기가 스스로 잠드는 법을 찾을 때까지 기다려 주어야 한다.

필자는 셋째가 태어나고 황당한 일을 겪었다. 아내가 불쑥 사무실에 찾아와 유모차에 태운 막내를 두고 간 것이다. 혼자 잠들지 않는 막내로 인해 너무 힘들다는 말을 남기고 그녀는 사라졌다. 그때는 몰랐지만 훗날 생각해 보니 나에게 문제가 있었다. 필자는 사업을 한답시고 매일 12시가 넘어 집에 들어갔는데 아내는 그때까지 자지 않고 나를 기다렸다. 그 이유로 막내는 늦게 자는 버릇이 생겼고 밤에 못 잔 잠을 낮에 엄마 등에서 자는 습관이 생겼다. 그래서 낮에 아내가 아기를 내려놓으면 그치지 않고 울어댔다. 아내는 몹시 힘들어

했고 우울증까지 생길 지경이었다. 내가 잘못을 깨닫고 일찍 집에 들어와 잠자리에 들자 아기의 수면습관도 차츰 안정을 찾게 되었다. 지금은 막내가 가족 중 제일 먼저 일어나고, 피곤하면 스스로 잠을 자는 활발한 아이가 되었다.

잠을 자는 동안 성장호르몬이 나오고 세포 재생이 이루어진다. 그러므로 잘 자는 아기가 잘 크게 되어있다. 세계적인 소아청소년 학술지인 '소아과학저널'의 발표에 따르면 아이가 충분한 수면 시간을 확보해야 하는 이유가 한 가지 더 있다.

아이가 충분한 수면을 취하지 않으면 당뇨 발병률이 높아진다는 것이다. 수면 시간이 부족한 아이는 수면 시간이 충분한 아이에 비해 몸무게뿐만 아니라 체지방률도 높게 나타났다. 학술지는 아이가 수면 시간을 30분만 늘려도 체질량지수 감소와 0.5%의 인슐린 저항성 감소 효과가 있다는 연구 결과를 발표했다. 이 연구는 어린 시절의 충분한 수면 시간 확보는 성인이 된 이후의 건강 상태에 유익한 영향을 미칠 수 있음을 시사해 준다.

아기는 태어나서 환경에 적응해 가면서 점차 수면습관이 생긴다. 따라서 엄마는 아기가 운다고 무작정 우유병을 물리거나 안아주기 전에 아기가 스스로 잠드는 법을 알아가도록 기다려 주어야 한다. 마법 같은 수면습관은 스스로 삶을 헤쳐 나가는 아이로 키우는 육아의 출발이라고도 할 수 있다.

나 그리고 가족을
지키는 잠

앞서 필자의 육아 경험에서도 보듯이 아기가 울고 보채는 이유는 수면 문제가 가장 흔하다. 그러나 아기가 운다고 당장 큰 일이 생기지 않는다는 것을 명심하자. 초보 엄마인 경우 불안하기 짝이 없겠지만 불안한 마음에 병원으로 가는 차 안에서 어느새 편안하게 잠드는 아기를 보게 되는 경우도 흔하다. 10초, 20초, 1분 잠깐 여유를 가지길 권한다. 허둥대다가 아기가 스스로 잠드는 방식을 터득하는 중요한 단계를 놓칠 수 있기 때문이다.

대가족보다 핵가족, 특히 엄마가 전업주부일 때 아기의 수면 교육이 더 잘 이루어진다고 한다. 대가족일 때는 아기를 봐주는 사람이 많아서 일관성 있는 수면 교육이 어려워 잠버릇이 나빠질 수 있다. 육아법의 대가라고 불리는 트레이시 호그가 쓴 《베이비 위스퍼 골드》에 'EASY'로 표현된 아기 수면훈련 약자가 나온다. Eat 먹이고, Activity 놀게 하고, Sleep 재우고, Your time 아기가 자는 동안 잠깐이라도 시간을 가져라. 이 약자를 기억하면 초보 엄마에게 도움이 될 것이다.

육아는 며칠 갔다가 돌아오는 캠핑이 아니다. 장거리 경주를 완주하기 위한 체력이 뒷받침되어야 한다. 힘겹게 쌍둥이를 돌보던 시절, 이웃에 사시던 어른이 아기 엄마에게 한 말이 있다. '엄마도 쉬어야 한다.' 좋은 이웃을 만난 덕분에 아기를 맡겨놓고 잠시 아내와 영화를 보고 온 적이 있다. 당시에 하신 말씀을 곱씹으며 필자는 이렇게 정리해 봤다. 첫째, 아기가 자면 엄마도 같이 잔다. 둘째, 적당히 살림하라. 셋째, 힘들면 끝까지 버티지 말고, 체면불구하고 도움을 청하라.

요즘 신세대 엄마들에게 추가할 조언이 있다. 여기서도 스마트폰이 등장한다. 되도록 스마트폰을 무음으로 해놓고 멀리 가져다 놓아라. 육아와 엄마의 체력관리에 방해가 되는 행위를 절제하라는 뜻이다. 아기를 보면서 SNS를 확인하고 톡 답장하고, 상상만 해도 정신이 없다. 아기가 잠들면 바로 스마트폰을 만지작거리면 엄마는 피곤하다. 육아 중 SNS나 스마트폰을 자제해야 하는 이유는 엄마를 쉬지 못하게 만들기 때문이다. 오전, 오후 시간을 정해 일정한 시간만 스마트폰을 사용하는 습관이 아기와 엄마에게 편안한 잠을 준다.

엄마와 아기가 똑같은 생활 리듬을 가질 수는 없다. 하지만 아기가 잘 때나 틈이 생기면 무조건 잠을 자거나 눈을 감고 쉬려는 시도가 중요하다. 그래야 엄마가 건강하게 버틸 수 있는 에너지가 생긴다. 필자가 남자라서 설득력이 떨어지겠지만 공감해 주길 바라는 마음이다. 아기 엄마가 1시간 만이라도 제대로 자고 일어나도록 부부가 잠에 관심을 기울여야 한다. 이때 잠에 방해될 만한 물건은 전부 치워놓고 몰입해서 잠을 자자. 그러면 몸이 회복되고 아기 돌보기가 훨씬 수월해진다. 이것이 바로 육아育兒를 넘어 육아育我로 가는 길이 아닌가 싶다.

여호와께서 그 사랑하시는 자에게는 잠을 주시는도다
– 구약성서 시편

3

질풍노도를
잠재우는 잠

아침에 등교하는 아이들의 얼굴을 본 적이 있는가? 머리도 제대로 말리지 못한 채 걸음을 재촉하더니 버스 정류장을 향해 뛰어간다. 피곤에 찌들고 잠이 덜 깬 표정이다. 보기 안쓰럽다.

자식이 밤늦은 시간까지 공부는 안하고 스마트폰과 게임에 몰두해 있다면 부모로서 얼마나 속상하겠는가? 참다못한 엄마가 한 마디 한다. "하라는 공부는 안 하고 왜 하루 종일 스마트폰만 들고 있어." 그리고는 홧김에 자식에게 생명과도 같은 스마트폰을 빼앗아 버린다. 아이는 그 후부터 무언의 시위를 한다. 학교나 학원을 갔다 와서는 문을 걸어 잠그고 잠만 잔다. 이 광경이 며칠간 지속된다. 지켜보는 엄마는 속이 터져 죽을 지경이다. 뭐라 해도 한 마디 대꾸가 없다. 그렇게 일주일이 지난 어느 날, 아이가 방문을 열고 불쑥 밖으로 나간다. 엄마가 따라가 잡으며 "너 어디 가는 거니?"라고 묻자 아이가 대답한다. "제가 갈 데가 어디 있어요. 죽는 길 밖에…" 이 말에 엄마는 덜컥 겁을 먹고, 자식에게 지고 만다. 집을 나가려는 자식을 붙잡아 앉히고 밤새 이야기를 나눈다. 눈물을 흘리고, 웃으며 토닥이는 긴 시간을 보낸 끝에 아이가 꺼낸 말에 엄마가 깜짝 놀란다. "엄마, 제가 그동안 너무 피곤하게 살았나 봐요. 엄마가 스마트폰 게임을 못하게 하니까 처음엔 답답해서 죽고 싶었는데 나중엔 딱히 할 일도 없고, 반항하느라 일부러 아무것도 안 하고 그냥 잠만 잤어요. 그런데 며칠 자고 나니까 기분이 좋아지고 피곤이 풀리는 것 같았어요. 평소 욕구불만으로 엄마에게 퉁명스럽게 대답하곤 했는데, 이제 몸 컨디션도 좋아지고 힘도 나는 것 같아요." 이 이야기는 고등학생을 둔 어느 엄마의 실화다.

밤늦은 시간까지 친구들과 게임하고, 톡을 주고받고, 그나마 잘 때도 이어폰을 끼고 음악을 들으며 자는 것이 요즘 아이들의 수면패턴이다. 또래 친구들이 거의 이런 식으로 생활하고 있기 때문에 그것이 잘못된 습관이라는 걸 눈치 채지 못한다. 이런 잘못된 수면습관이 잠의 질을 나쁘게 하고, 집중력을 약화시키는 걸 모르고 있다.

늦게 자는 아이는 짜증을 잘 내고 잘 웃지 않으며 표정도 대체로 어둡다. 이는 아이에게만 해당되지 않는다. 어른도 마찬가지다. 사람에게는 식욕이나 성욕과 마찬가지로 '수면욕'도 있다. 기본적인 인간의 욕구인 수면을 박탈하면 욕구불만이 쌓이는 것은 당연한 이치다. 이러한 수면부족은 안색을 어둡게 만든다.

내 몸에서 좋은 에너지를 발산하는 것이 중요하다. 좋은 파동이 상대방에게 전해지고 증폭되어 다시 나에게 되돌아오기 때문이다. 평소 시크한 표정을 짓고 있는 아이와 대화를 했다. "얘야, 네 표정을 보면 솔직히 가까이 다가가기 어려워. 네 표정을 본 상대방의 반응이 어떠니?" 처음엔 내가 알아서 할 테니 신경 쓸 필요 없다는 식으로 대답한다. "그럼 너는 상대방이 인상을 쓰고 있으면 무슨 생각이 드니?"라는 물음에 "기분 나쁘다, 말 걸고 싶지 않다."는 반응이다. 필자는 "내가 네 표정을 보면 그런 기분이 든다."고 말하면서 밝은 표정이 가져다주는 플러스 에너지와 수면습관의 중요함을 설명한 적이 있다.

첫 인상이 인생을 바꾼다는 말이 있다. 아마도 표정이 좋은 기운을 전해주기도 하고, 나쁜 기운을 전해주기도 하기 때문일 것이다. 자식이 청소년기에 생기발랄한 표정으로 학업과 쉼을 관리해 나가도록 수면습관을 가이드해 주는 것도 부모의 책임이 아닐까 싶다.

청소년기의 아이들도 신비한 잠의 세계를 알아야 한다. 하루 일과를 마치고 잘 자고 나면 피곤했던 몸과 마음이 풀린다. 그리고 다음날 아침 거뜬히 일어날 수 있게 된다. 아이들은 이것이 잠의 기적이라는 사실을 모른다. 이는 어른도 마찬가지일 것이다. 모임에 지각을 밥 먹듯이 하는 한 고등학생과 잠의 중요성과 수면시간에 대해 이야기를 나눈 적이 있다.

"황 쌤, 그렇게 중요한 잠에 대해서 우리는 너무 몰라요. 학교에서 가르쳐 준 적이 없거든요. 친구들도 다 그래요. 그러니까 밤늦게까지 공부를 하거나 스마트폰을 보다가 다음날 일어나지 못하는 일이 반복적으로 생기는 것 같아요. 악순환이죠."

청소년기의 아이는 학원을 마치고 저녁 11시가 넘어야 집에 들어온다. 엄마는 정성껏 야식을 준비해 놓는다. 고기를 먹어야 기운이 난다며 기름진 음식이 한 자리를 차지한다. 야식이 좋지 않다는 것을 알면서도 한창 클 나이의 아이에게는 해당되지 않을 것으로 착각한다.

부모가 자란 시대와 지금 청소년기의 아이들이 사는 시대는 비교할 수 없다. 필자도 어렸을 때 먹을 것이 부족했기 때문에 뭐라도 챙겨 먹어야 하는 시대를 살았다. 저녁 반찬으로 고기라도 나오는 날이면 그렇게 행복할 수가 없었다. 고기를 실컷 배불리 먹어 보는 게 소원이던 시대였다. 그러나 지금은 먹을 게 너무 많아서 편식이나 영양 불균형, 다이어트를 걱정해야 하는 시대에 살고 있다.

밤늦게 야식을 하면 당분 등 각종 아미노산이 몸속에 들어가면서 잠깐 기운이 돌고, 곧이어 포만감에 잠이 몰려오기 시작한다. 그러나 이렇게 잠이 들면 수면의 질이 현격히 떨어진다. 그래서 잠을 자도 다음날 피곤한 것이다. 잠자는 동안 장기가 소화활동으로 쉬지 못해 만성피로로 이어지기 쉽다.

　　입시가 다가오면 아이들의 표정은 더 어두워진다. 불안하기 때문이다. 웃겨주려고 해도 반응이 신통치 않다. 대입만을 목표로 앞만 보고 달려왔으니 이해가 간다. 스트레스가 오죽 하겠는가? 청소년기의 아이들이 이렇게 잠을 줄여가며 공부하는 사이 몸에서는 호르몬 분비에 이상이 생긴다. 피부가 거칠어지고, 여드름이 나고, 컨디션이 나빠지는 등 이상 징후가 온 몸에서 나타난다. 몸이 알아서 주인에게 경고 메시지를 보내는 것이다. 청소년기의 아이들은 밤늦게 학원이나 독서실에서 지친 몸을 끌고 귀가한다. 거의 모든 아이들이 비슷한 유형으로 생활한다. '남과 똑같이 해서는 남과 달라질 수 없다.' 이 평범한 진리를 모르는 부모는 없을 것이다. 하지만 현실은 모두 같은 방식으로 아이들을 공부시키는데 몰두해 있다. 부모는 잠을 줄여 가며 열심히 돈을 벌어 학원비나 과외비로 쓰고, 아이는 피곤한 몸으로 밤늦게까지 쌓인 숙제를 하며 부모의 기대를 충족시켜 주기 위해 잠을 줄인다.

　　교육부와 통계청 조사에 따르면 2016년, 1인당 사교육비 지출액은 월 평균 37만 8000원, 총 사교육비는 18조 1000여 억 원에 이르며 이는 지속적으로 증가 추세라고 발표했다. 하지만 실제 주변 학부모들의 사교육비 지출 현황을 들여다보면 자녀 1인당 월 사교육비는 50~100만 원을 훌쩍 넘는다. 통계에 잡히지 않은 예체능계 레

슨이나 고액 과외를 포함하면 금액은 훨씬 커진다.

문제는 투자대비 효율이 기대치보다 낮다는데 있다. 학원이나 과외를 공들여 시키지만 성적이 쉽게 올라가지 않기에 부모 입장에서는 답답하다. 부모 된 의무감에 사교육을 시키고 있지만 결과는 신통치 않다. 스스로 공부하지 않으면 효과가 없다는 사실을 알고 있지만 막연한 불안감과 기대감에 남들과 같은 길을 택한다.

하지만 남다른 아이는 시간 디자인이 다르다. 우선 수면 시간을 확보하고 계획을 짠다. 수면이 남다른 경쟁력의 근원임을 안다. 그리고 아침과 낮 시간에 몸과 뇌의 움직임이 활발하다는 사실을 알고 있다. 당연히 성적에도 차이가 난다. 남다른 아이는 매일 밤 머리를 베개에 대고 잠을 자는 마법의 시간을 잘 사용하고 있는 셈이다. 보통의 다른 아이들처럼 잠을 줄여서 공부하려는 시도는 하지 않는다. 그것은 벼락치기 같이 일시적인 효과만 줄 수 있을 뿐이다.

학원에 다니거나 과외를 받지 않고 학교 수업과 EBS 등의 인터넷 강의만으로 공부하는 상위권 아이를 만난 적이 있다. 그 아이는 친구들 사이에서 인기도 많았다. 대화를 나누면서 그 아이와 보통 아이들과의 차이점을 알게 되었다. 그 아이는 낮 시간과 저녁 일정한 시간까지 집중해서 공부하고, 밤에는 잠의 혜택을 누리고 있었다. 아이는 편안한 표정에 성품도 좋아 보였다. 그 아이를 소개해 준 학생이 한 말이 생각난다. "걔는 놀 때와 공부할 때를 구분하고, 집중력이 놀라울 정도로 남달라요."

세상에는 다른 사람이 도와줘야 할 수 있는 일과 내가 해결해야 할 과제가 늘 공존한다. 아이가 자신의 나이테를 스스로 만들어가며 어려움을 견뎌내는데 단련되도록 시간적, 정서적 여유를 주고 기다려주면 좋겠다. 꽃이 피는 때가 다르듯 인생에서 각자의 재능이 다르고 그 재능이 무르익어 발휘될 때가 다르다. 인생의 긴 경주에서 아이가 스스로 수면 시간을 정하고 지키며 자신의 삶을 가꾸도록 돕는 게 진정한 자식 사랑이 아닐까 싶다.

어느 날 대통령 선거 공약에 토요일, 일요일 학원, 과외 전면 금지를 선언하는 후보가 나오면 필자는 그 사람을 찍을 것이다. 학부모와 아이 둘 다 누적된 수면부족과 피곤한 몸으로 맹목적으로 살고 있는 건 아닌지 돌아봐야 한다.

나 그리고 가족을
지키는 잠

잠은 최고의 명상이다.
– 달라이 라마

4

아이 성적을
높이는 잠

학생들은 단 한 번의 시험으로 수년간의 노력이 평가받는다. 정권이 바뀔 때마다 대학입시전형은 거듭 바뀌었지만 입시 현실은 그다지 바뀌지 않았다. 오히려 더 복잡해졌을 뿐이다. 학력고사 한 번 보고 내신만으로 대학에 지원했던 필자의 시대와는 판이하게 다르다. 대입시험을 앞둔 학생이나 학부모가 걱정과 고민으로 잠을 설칠 만하다.

한편, 시험을 앞둔 아이는 긴장할 수밖에 없다. '그간 공부한 실력을 제대로 발휘할 수 있을까?', '어떤 문제가 나올까?', '시험을 망치면 어쩌지?' 등등 이런저런 생각에 잠을 충분히 자지 못한 채로 시험장에 들어간다. 그러면 긴장한데다 잠을 충분히 못 잔 아이는 분별력이 떨어진다. 아는 문제도 틀리게 되고 점점 더 초조해진다. 실제로 시험 결과와 잠이 연관성이 있을까? 필자는 그렇다고 생각한다. 오랜 기간 동안 준비해온 시험을 한 순간에 망치게 되는 것은 잠을 잘 자지 못한 것도 분명 한 원인이다. 필자도 동일한 경험을 했다.

일본 문부성 장학생 시험을 보기 위해 1년 동안 집중해서 공부했었다. 잠을 줄여가며 학원에 다니고, 의자에서 엉덩이가 떨어질 새 없이 책을 붙들고 공부에 전념했다. 그런 노력 덕분에 남들이 2~3년 배워야 할 내용을 1년 만에 끝낼 수 있었다. 주변에서는 목표를 향해 앞만 보고 돌진하는 내 모습을 부러워했다. 그런데 문제는 막바지에 들어서면서 발생했다. 몸뿐만 아니라 정신까지 이상 징조가 나타나기 시작했기 때문이다. 체력을 돌보지 않고 집중했던 공부가 몸을 상하게 했고, 쉼 없이 공부한 탓에 긴장지수도 엄청나게 올라가있었다. 합격해야 한다는 강박감과 주변의 시선들도 나를 몹시 괴롭혔다. 시험을 1주일 앞두고 내 몸과 정신 상태는 심각한 지경에 이르렀다. 젊은 혈기로 버텨왔는데 어느 순간 둑이 손쓸 틈 없이 무너져 내리는 느낌이었다. 시험은 물론 망쳤고 유학의 꿈을 접을 수밖에 없었다. 체력과 정신력이 강하려면 휴식과 공부를 병행해야 한다. 그 균형과 조화를 맞추지 못한 대가는 혹독했다. 시험 이후에도 귀에 이명 증상이 지속되어 괴로웠으며 어지럼증과 식욕 저하로 오랜 시간 후유증을 감내해야 했다. 그런 일을 겪은 이후로 필자는 몸을 과신하고 방전될 때까지 혹사시키는 행동을 하지 않는다. 그리고 무리한 생활을 하고 있지는 않는지 점검하여 자제하는 습관이 생겼다.

10대 청소년의 수면부족은 어른에 비해 심각하게 뇌에 미치는 영향을 미친다. 새로운 정보를 학습하는 뇌의 능력을 감퇴시키고, 우울증을 비롯하여 다른 사람을 공격하는 폭력성도 현격히 올라간다는 연구 발표가 있다. 그렇다면 시험 당일, 전날 밤의 질 좋은 수면은 시험에 얼마나 영향을 끼치겠는가? 필자는 시험 당일 실력 발휘를 위해 일정한 패턴의 잠과 휴식을 대체할 만한 것은 없다고 감히 말하고 싶다.

몇 년 전 서울에서 열린 G20정상회의의 마지막 기자회견에서 오바마대통령은 마지막 질문을 할 수 있는 권한을 한국기자에게 주었다. 예상치 못한 배려에 장내는 조용해졌다. 어색한 분위기가 흐른 후 오바마대통령이 재차 "통역을 하면 되니 한국어로 질문을 해도 좋다"고 말하며 질문을 요청했다. 그런데 놀랍게도 말 한마디라도 놓치지 않기 위해 열심히 받아 적고 녹음까지 하던 한국기자들 중 단 한 명도 질문을 하지 않았다. 결국 질문 권한은 중국기자에게 넘어갔다. 오바마대통령의 배려에도 불구하고 대통령에게 직접 질문하고 답변을 들으면서 전 세계에 자신을 알릴 수 있는 절호의 기회를 어처구니없이 날리고 만 것이다. 왜 이런 일이 일어났을까? 아마도 지시하는 대로, 시키는 대로 하는데 익숙해진 습관과 태도 때문 아니었을까?

이런 광경은 학교와 같은 공동체에서 흔히 볼 수 있다. 우리나라에서 묻고 답하고 되묻는 교육방식은 잘 통하지 않는다. 물으면 대답이 없고 교사 혼자 떠드는 경우가 많다. 또한 학생이 선생님한테 질문하지도 않는다. 질문을 하면 수업시간이 연장되는 것에 불만을 갖는 친구들로부터 눈총을 받을 각오를 해야 한다. 질문하지 않는 또한 가지 이유가 있다. 바로 만성적인 수면부족 때문이다. 학생들은 솔직히 피곤하다. 수업을 빨리 끝내고 쉬는 시간에 자고 싶은 생각뿐이다. 보통 우리나라 학생들이 자율학습과 학원 수업을 마치고 집에 돌아오는 시간은 11시가 훌쩍 넘는다. 집에 와서는 씻고 야식을 먹은 후 숙제를 하거나 게임을 한다. 아니면 누워서 스마트폰을 갖고 놀다가 2~3시에 잠이 든다. 결국 3~4시간만 자고 다시 일어나야 한다. 등교시간을 맞추기 위해서는 어쩔 수 없다.

성인보다 아침잠이 많을 청소년 시기에 수면이 절대적으로 부족하다. 초등학교 입학 전까지 그렇게 질문이 많고 궁금한 것이 많던 아이가 학교에 들어가면서부터는 확 바뀐다. 아이들의 상상력과 창의성은 자유롭게 먹고, 놀고, 자면서 발달한다. 그런데 우리나라 학생들은 선행학습, 심화학습 등 늘어나는 학업 양과 빡빡한 일정으로 충분히 잘 틈도 없다.

그러니 학교 수업시간이든 비싼 학원비를 내면서 다니는 학원에서든 선생님에게 궁금한 것을 질문하지 않고, 될 수 있으면 자기 생각과 의사도 말하지 않는다. 청소년들과 이야기를 나누다 보면 재미있는 현상이 있다. 모범생일수록 부모님의 허락 없이 어떤 결정을 내리기 힘들어 한다는 사실이다. 엄마가 아이의 최종 승인권자다. 그러나 공부를 잘하든 못하든 상관없이 자신의 생각대로 즉각적으로 결정을 내리거나 생각해 보고 의사를 밝히겠다고 똑 부러지게 말하는 아이가 있다. 또는 학원을 다니지 않는데도 공부를 잘하고 자기 관리에 철저한 아이도 있다. 놀라운 점은 이런 학생들은 모두 일정한 수면을 취하고 있었다. 즉, 집중력을 발휘할 때와 쉴 때를 철저하게 구분하여 지키고 있었다.

결정 장애가 나타나는 요인은 여러 가지가 있다. 그 중에 한 요인은 의욕저하를 가져오는 수면부족이다. 다시 말해 아이 스스로 결정하고 선택하는 훈련을 시키기 위해서는 먼저 스스로 잠자는 시간을 확보하는 습관부터 기르도록 해야 한다.

스스로 학습목표를 세우고 그에 따라 공부하는 것이 자기주도학습이다. 요즘에는 자기주도학습을 가르치는 학원까지 등장했다. 그런데 과연 자기주도학습이 학원에서 배운다고 가능할까? 학원만 하나 더 추가될 뿐이다. 아이를 강제로 의자에 앉혀 놓을 수 있지만 의자에 앉아 딴 생각을 하는 것까지 통제할 수는 없다. 이런 방법은 오히려 부모에 대한 반항심만 키우기 일쑤다. 아이는 스트레스다. 자식을 위한 부모의 사랑이 엉뚱한 결과를 낳고 있는 현실이다.

잠은 생명의 선순환 과정이다. 좋은 기억, 나쁜 기억, 단기 기억, 장기 기억 등을 분류하고, 잊어야 할 내용은 휴지통에 버린다. 이러한 선순환이 제대로 이루어지지 않는다면 자기주도학습은 영영 멀어진다. 수면이 부족하면 자기주도학습은 커녕 매사 의욕이 없고 신경질을 자주 내는 아이가 된다. 부모와 말다툼이 잦아지는 한 원인이기도 하다. 결론적으로 말해 자기주도학습의 발원지는 결국 아이 자신이다.

우리나라 청소년들은 대부분 야행성이다. 물론 이러한 생활 패턴은 20살이 넘어가면서 점차 수그러들기 시작한다. 그러나 청소년들은 늦게 귀가하여 게임이나 스마트폰을 하다가 3~4시간만 자고 일어나 허겁지겁 등교하기 바쁘다.

성인인 부모도 이런 생활 패턴을 갖고 있다면 정상 생활이 안 될 것이다. 회사에서 업무 집중도가 떨어질 뿐만 아니라 의자에 앉아 꾸벅꾸벅 졸지 않겠는가? 요즘 선생님들의 말을 들어보면 수업시간에 50% 이상의 학생들이 졸거나 자고 있다고 한다. 청소년기는 가뜩이나 아침잠이 많은 시기라서 졸음을 참기가 더 힘들 것이다.

몸과 정신이 이런 상태에서 자기주도학습이 이루어지겠는가? 한 겹 한 겹 쌓인 나무의 나이테는 나무의 연륜과 가치를 말해준다. 그런데 나이테 간격이 넓은 나무도 있고, 촘촘한 나무도 있다. 보통 혹독한 추위와 폭풍우를 견딘 나무가 나이테가 촘촘하다고 한다. 그런데 아름다운 소리를 내는 악기는 모두 악조건을 견뎌낸 이런 나무들로 만들어진다고 한다.

우리 아이들도 단단하게 자라기 위해서는 스스로 결정할 수 있도록 기다려주는 부모의 인내심이 필요하다. 이런 아이가 스스로 목표를 세우고, 자기가 세운 목표를 이루기 위해 의욕적으로 자기주도학습을 하는 것이다. 또한 아이가 집중력과 창의력을 가지고 이렇게 할 수 있도록 부모는 아이에게 잠의 혜택을 누리게 해주어야 한다.

잠을 줄여 공부하는 아이는 만성 수면부족에 시달리게 된다. 그리고 잠이 덜 깬 상태에서 학교에 가야 하는 아이는 수면 필요량을 채우지 못해 수면부족 현상에 시달리게 된다. 집중력이 떨어지고, 욱하고 화를 내는 충동성이 증가하고, 하루 종일 피곤함을 느끼게 된다. 생산성이 중요하던 부모 세대와 달리 이제 점점 더 창의성이 중요한 시대로 바뀌고 있다. 이러한 시대에 우리 자녀들이 당당하게 자신의 삶을 결정하고 의욕적으로 살 수 있도록 청소년기의 아이들에게 잠을 선물하자. 가두리 양식장처럼 아이들이 졸린 상태로 의욕도 없이 집, 학교, 학원, 독서실 등을 바삐 돌며 사는데, 부모가 그런 환경을 제공하고선 어떻게 아이에게 창의력과 자기주도성을 기대하겠는가?

잠이 부족한 아이는 창의성을 발휘할 여유가 없다. 또한 공부의 목적이 오직 시험에서 한 문제 더 맞추는 것이라면 그런 아이에게서 창의성을 기대할 수는 없다. 미래는 창의력 있는 인재가 주도하게 될 것이다. 남과 다른 관점, 사고력, 판단력, 실천력을 가진 사람이 세상의 변화를 이끌어갈 것이다. 더불어 이를 뒷받침해 줄 체력과 정

나 그리고 가족을
지키는 잠

신력은 필수다.

뿐만 아니라 만성 수면부족이 아이의 비만 위험을 높인다는 사실은 이미 오래 전에 밝혀졌다. 잠을 푹 자지 못하는 생활이 오래 지속되다 보면 주의력결핍 과잉행동장애Attention Deficit Hyperactivity Disorder, ADHD로 이어질 수 있다는 연구 보고도 있다. 수면의학자로 구성된 미국의 한 연구팀은 수면장애를 개선해주자 아이가 눈에 띄게 차분해지는 현상을 발견했다. 또 다른 연구에 따르면 수면의 질이 좋아지자 과잉행동장애 아동의 비율이 절반으로 줄었다고 한다.

부모가 아이에게 뭘 좀 하자고 하면 귀찮아하고, 어딜 가자고 해도 싫다고 하기 일쑤다. 퉁명스럽고 짜증도 쉽게 낸다. 그렇다면 아이가 잠이 부족해서 피곤한 상태는 아닌지 점검해 보자. 자의 반 타의 반으로 생긴 수면부족으로 만사가 귀찮아지는 것이다.

잠을 잘 자면 학교 성적이 오른다는 사실은 19세기부터 이미 알려진 사실이다. 수면부족은 몸과 정신을 피곤하게 하고 삶의 의욕을 떨어뜨린다. 그러므로 잠을 줄여서 뭘 하겠다는 욕심은 훗날의 화를 부르는 행동이다. 기억하자. 창의성의 발원지는 잠이다. 우리 아이들에게 공부하라는 말보다 잠을 잘 자라는 말을 하는 부모가 되어주자. 이 말이 장기적으로 볼 때 아이의 미래를 열어주는 길이다. 신이 사랑하는 이에게 잠을 선물 했듯이, 사랑하는 아이에게 잠을 선물해 보자.

5

수면만사성
睡眠萬事成

친구 집에 놀러 가면 가끔씩 거실에 있는 액자 속 가훈을 보게 된다. 그런데 많은 친구의 집에 '가화만사성' 즉 '집안이 화목和睦하면 모든 일이 잘 된다'는 뜻의 가훈이 붙어 있었다. 아마 이 말의 뜻을 모르는 사람은 없지 않을까 싶다. 그런데 결혼하고 살다 보면 아이가 태어나는 순간부터 육아와 교육 등 크고 작은 일들로 집안이 화목하기가 쉽지 않다.

화목한 집안의 분위기는 가족들이 잘 자고 일어나 '굿 모닝' 인사를 나눌 때 시작된다. 아침에 일어나서 서로 '잘 잤니?', '좋은 꿈 꿨니?' 같은 좋은 기운을 불어넣는 인사로 하루 일과를 시작하고, 남편이 출근할 때 건네는 아내의 밝은 아침 인사는 기분 좋은 출근길이 되게 한다. 가족끼리 밝은 아침 인사를 주고받은 아이의 등교하는 발걸음은 가볍다. 맞벌이가 대세인 세상에 살고 있다. 남편 혼자서 벌어서는 아이 교육비 감당하기도 버겁고, 은퇴 후를 생각하면 막막한 것이 솔직한 심정이다. 녹록치 않은 현실, 불확실한 앞날을 살아내는 것이 우리의 일상이 되었다. 하지만 그럴 때일수록 가족끼리 '잘 잤니?'라고 새 날을 맞는 감사와 희망의 인사를 나누면 어떨까.

잠을 잘 자고 일어난 아이의 얼굴에는 찡그린 표정이 없다. 잠이 부족하면 아이는 칭얼거리고, 어른들의 인상 역시 뭔가 불만에 찬 것처럼 생기가 없어 보인다. 그래서 가정이 화목하기 위해서는 우선 가족들이 잘 자야 하고 잠의 질이 좋아야 한다.

필자는 '수면만사성睡眠萬事成'이 곧 '가화만사성家和萬事成'이라고 말하고 싶다. 잠을 잘 자면 모든 일이 잘 풀린다. 필자가 이런 주장을 하게 된 데는 이유가 있다. 필자 역시 수면사업을 하면서 수없이 많은 위기와 두려운 상황들을 지나왔다. 그때마다 잠을 잘 잤다고 한다면 거짓말이다. 그건 있을 수 없는 얘기다. 뜬 눈으로 밤을 새우고 정신이 몽롱한 상태로 일어난 적이 수없이 많았다. 그러면서 현격히 떨어진 분별력으로 잘못된 의사결정을 반복했었다. 삶의 의욕이 꺾여 대인기피증과 우울증까지 겪었다. 가장이 그러니 집안 분위기는 점점 암울해졌다. 가정에 웃음이 사라졌고, 이성적인 잣대로 사사건건 묻고 따지는 일이 많아졌다. 어느새 부부 관계뿐만 아니라 아이와도 관계가 좋지 않게 되었다.

메모리폼 베개를 시작으로 잠의 혜택을 전파하는 필자 역시 그 당시 불면의 밤을 어쩔 수 없었음을 고백한다. 몇 달을 잠 못 이루며 피폐해져 가던 어느 날, 거울 속에 비친 내 모습을 보며 이러다 죽을 수도 있겠다는 생각이 번뜩 들었다. 그리고 그날따라 창가에서 비치는 햇빛이 눈에 들어오면서 뭔가 해결책이 있을 것 같다는 기분 좋은 느낌을 받았다.

그날 찰나의 경험은 새로운 눈을 뜨게 만들었다. 단순히 상품을 만늘어 파는 짐구업Bedding을 탈피하는 세기가 되었나. 바로 소중한 생명을 다루는 수면사업Sleep으로 전환하게 된 시발점이었다. 많은 사람이 잠의 혜택을 누리고 희망찬 아침을 여는데 도움이 되는 싶다는 사명을 갖게 되었다.

그날 이후 박탈된 수면 시간을 하루 7~8시간 확보하고, 생활 패턴을 제자리로 돌리기 위해 무진 애를 썼다. 사라진 웃음 찾으러 웃음치료학교도 찾아가고, 만사가 귀찮아 중단했던 운동도 다시 시작했다. 걷기, 스트레칭 등을 하면서 점차 몸과 마음이 회복되었다. 밤새 고민해 봤자 내 몸만 상하게 만들었던 걱정을 내려놓고 시간이 되면 밤마다 잠을 청했다. 내일 일은 내일 걱정하고 오늘은 일단 자고 보자는 식이었다.

아침에 일어나면 먼저 좋은 생각을 하면서 기지개를 켰다. 어두웠던 집안 분위기가 밝게 바뀌기 시작했다. 표정이 좋아지니까 한때 대인기피증으로 사람 만나길 꺼려했던 모습도 사라졌다. 상대방에게 기분 좋은 에너지가 전달되어 그런지 일도 하나씩 풀려나갔다. 누구나 꿈꾸는 화목한 가정과 행복한 인생, 잠이 그 출발점이다. '가화만사성'보다 '수면만사성'이 먼저라고 해도 과언이 아니다.

🌙 나의 수면
Check

1 부부가 서로의 수면패턴과 수면환경에 대해서
이야기를 나눠 본 적이 있습니까?
없다면 서로 솔직하게 이야기해 봅시다. ⬜

2 아기의 수면패턴을 알고 난 후,
당신의 육아에 적용할 점은 무엇입니까? ⬜

3 수면이 아이의 성적을 높인다는 사실에 동의합니까?
자녀의 수면패턴과 수면 시간을 점검해 봅시다. ⬜

4 청소년기의 자녀가 있다면 자녀의 건강한 수면패턴과
수면경쟁력을 확보하기 위해 당신이 도울 일은 무엇입니까? ⬜

5 '수면만사성'이라는 말에 동의하나요?
수면만사성을 이루기 위해 지금 당신이 할 일은 무엇입니까? ⬜

나 그리고 가족을
지키는 잠

☑ 숙면 체크리스트 10

1

정해진 시간에
잠자리에 든다.

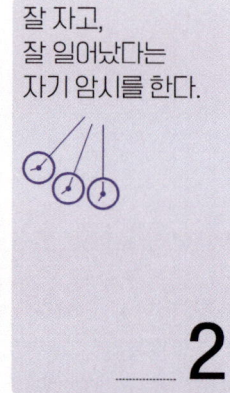

잘 자고,
잘 일어났다는
자기 암시를 한다.

2

3

아침에 햇빛샤워를
즐긴다.

따뜻한 아침식사로
체온을 올린다.

4

5

낮에 몸을
많이 움직이고
자세를 바르게 한다.

지나친 음주와
카페인에 주의한다.

6

7

🛏️

잠이 잘 드는
수면환경을 만든다.

내일 일은 내일로,
오늘에 감사한다.

8

9

잠자리에서
머리 쓰는 일은
하지 않는다.

10

자신에게 맞는 수면법을 찾는다.

내가 되고 싶은 사람을 만드는 잠

누구든지 하루 일과를 마치고 몸을 재충전하려면 잘 쉬어야 한다. 활동과 휴식은 대자연의 법칙이다. 사람은 누구나, 반드시 잠을 잔다. 하지만 충분히 잤느냐 못 잤느냐의 개인차가 있다. 국내최초 메모리폼 베개로 출발한 수면사업으로 인해 잠에 대해 공부를 하게 된 것은 나에게 커다란 행운이었다. 수면사업가로서 수면에 적합한 제품을 개발하는 일은 늘 흥미로운 도전이었다. 해외시장을 개척하며 다양한 수면환경과 제품들을 접하면서 수면사업의 매력이 더해졌다. 전 세계를 뒤져 수면관련 책들과 기사들을 찾고, 잠을 연구하는 전문의와 연구원을 수소문해 만나러 다녔다. 한편으로는 국내외 연구기관과 공동연구에 참여하며 수면의 질을 높이는 활동을 계속했다. 그러다가 "인생을 바꾸는 숙면의 기술"이라는 역서를 출간하면서 서울국제수면박람회, 백화점 문화센터, 기업체를 비롯한 여러 곳에서 수면강의를 하게 되었다. 건강전문지와 신문 등에도 책의 내용이 인용되었다. 의학 분야의 전공자도 아닌 수면사업가는 어느새 수면전문가라는 소리를 듣게 되었다. 생활습관, 사람의 본능과 구조, 수면환경과 지구환경 등을 연결하여 수면강의를 했다. 어려운 내용을 쉽게 풀어서 강의했는데 청중들의 호응이 기대 이상으로 매우 좋았다. 또한 강의를 하면서 진행한 질의응답 내용을 틈틈이 정리해왔다.

이번 책 출간을 머뭇거리고 있을 때 용기를 준 여러분이 있다. 고객과 만나며 질 좋은 수면을 돕는 일을 함께하는 매니저가 20년 가까이 수면사업가로 축적된 경험과 전문지식을 다른 사람들과 공유하라며 등을 떠밀어 주었다. 매일경제에 "황병일 수면칼럼"이 연재된 것도 책을 출간하게 된 계기가 되었다.

수면분야를 일깨워준 로프티 전 부사장 일본 S&A association 대표 아리또미 료오지有富良二, 이토츄상사 호리우찌상, 이토요우카도 이무로상, 미국과 인도를 오가며 MMK를 이끌고 있는 MR. Deepak, 수면에 관한 궁금증을 풀어주시고 제품개발에 자문을 해주시는 코슬립 수면크리닉 신홍범 박사, 마음관리와 한방에서 보는 수면에 대해 알려주신 평화한의원 신홍근 원장, 한국인 맞춤베개 시스템 개발에 함께한 한국표준과학연구원 박세진 박사와 이현자 박사, 국제수면박람회를 개최한 한국수면산업협회 유경아 대표와 회원사, 메모리폼으로 세계를 누비게 해 준 KPX 케미칼 연구소장 배덕규 상무에게 감사함을 전한다. 더불어 내셔널 수면전문브랜드 까르마CALMA가 국내를 넘어 해외로 성장할 수 있도록 길을 열어준 신세계, 롯데, 현대, 갤러리아백화점, GS홈쇼핑 〈왕영은의 톡톡톡〉 관계자와 수면사업에 칭찬과 충고를 아끼지 않았던 고객, '전 세계인의 희망찬 아침을 연다.'는 사명으로 최선을 다해준 임직원에게 감사드린다.

'모든 지식의 연장은 의식적인 행동을 무의식으로 바꾸는 것에서 출발한다.' 니체가 한 말이다. 바꾸어 말하면 무의식적으로 작동하지 않는 지식은 수명을 다했다는 것이다. 터득한 지식을 갈고 닦기 위한 심정으로 이 책을 세상에 내놓는다.

　　이 책을 읽은 독자들이 삶을 풍성하게 만드는 잠의 혜택을 누리는데 보탬이 된다면 더할 나위 없다. 숙면의 길을 찾아가고 그로 인해 인생이 점차 환하게 바뀌는 연쇄반응을 경험하기를 기대한다. 나를 둘러싸고 있는 세계를 끊임없이 재창조하는 시간, 나를 극대화 시키는 시간이 바로 잠자는 시간이다. 잠자는 시간인 인생의 1/3을 바꾸면, 활동하는 시간인 인생의 2/3가 바뀐다. 깨어있는 시간을 즐겁게 만들어 주는 남다른 수면을 누려보자.

참고도서

미야자키 소이치로, 『수면테라피』

김한수, 『우모의 세계』

데이비드 랜들, 『잠의 사생활』

다나카 히데끼, 『인생을 바꾸는 숙면의 기술』

황병일, 『베개혁명』

범은경, 『엄마랑 아기랑 밤마다 푹 자는 수면습관』

한진규, 『수면밸런스』

가타히라 에츠코, 『3가지 체액이 내 몸을 살린다』

아오키 아키라, 『10년 젊어지는 수면법』

황상보, 『거북목 교정 운동』

신흥범, 『머리가 좋아지는 수면』

하오완산, 『화를 다스려야 병이 없다』

페터 슈포르크, 『안녕히 주무셨어요』

할 엘로드, 『미라클 모닝』

베르나르 베르베르, 『잠』

클린턴 오버, 스티븐T. 시나트라, 마틴 주커, 『어싱』

조병식, 『암은 자연치유 된다』

시오다 세이지, 『향기치료』

알레한드로 융거, 『클린』

이종우, 『잘 자야 잘 산다』

아리아나 허핑턴, 『수면혁명』

니시노 세이지, 『스탠퍼드식 최고의 수면법』

이시하라 유우미, 『체온1도 올리면 면역력 5배 높아진다』

선재광, 『몸이 따뜻해야 몸이 산다』

가와시마 아키라, 『의사가 말하는 자연치유력』